Rainer Görlacher (Hrsg.)

Karlsruher Tage 2014 – Holzbau

Forschung für die Praxis
Karlsruhe, 09. Oktober – 10. Oktober 2014

Karlsruher Tage 2014 – Holzbau

Forschung für die Praxis
Karlsruhe, 09. Oktober – 10. Oktober 2014

Rainer Görlacher (Hrsg.)

Impressum

 Scientific Publishing

Karlsruher Institut für Technologie (KIT)
KIT Scientific Publishing
Straße am Forum 2
D-76131 Karlsruhe

KIT Scientific Publishing is a registered trademark of Karlsruhe
Institute of Technology. Reprint using the book cover is not allowed.

www.ksp.kit.edu

Print on Demand 2014

ISBN 978-3-7315-0267-8
DOI 10.5445/KSP/1000043247

Vorwort

2014 finden wieder die Karlsruher Tage mit dem Schwerpunkt Holzbau statt. Wie auch in den zurück-liegenden Jahren sind die Karlsruher Tage das Bindeglied zwischen Forschung und Praxis und ermöglichen einen intensiven Erfahrungsaustausch.

Die Tagungsbeiträge lassen sich thematisch in vier Bereiche unterteilen:

Bei Brettschichtholzträgern kann die Schubfestigkeit des Holzes entscheidend für die Tragfähigkeit des Trägers sein. Während ein Beitrag die Möglichkeit der Erhöhung der Schubtragfähigkeit durch Schrauben oder Gewindestangen aufzeigt, wird in einem zweiten Beitrag anhand eines Schadensfalls mit Schubversagen eine individuelle Sanierungsmethode beschrieben.

Ein viel versprechender neuer Holzwerkstoff ist Furnierschichtholz aus Buche. In zwei Beiträgen werden der Werkstoff, seine Eigenschaften und seine Möglichkeiten vorgestellt.

Bei der Bemessung von Stabdübelverbindungen nach früheren Normen ergeben sich in Einzelfällen deut-lich höhere Tragfähigkeiten als nach neueren Normen. Diese Problematik soll durch aktuelle Erkenntnisse beleuchtet werden. Weiterhin soll anhand einer neuen Produktnorm für Brettschichtholz gezeigt werden, was in Zukunft mit Brettschichtholz möglich sein wird.

Viele Holztragwerke sind möglich, manche sogar sinnvoll. Dauerhaft sind sie auf jeden Fall nur dann wenn auch das Gebäudeklima bei der Bemessung richtig berücksichtigt wird. In zwei abschließenden Beiträgen wird auf das Gebäudeklima und auf „sinnvolle" Tragwerke eingegangen.

Karlsruhe,
im Oktober 2014

Hans Joachim Blaß
Karlsruher Institut für Technologie (KIT)

Inhalt

Einsatz und Berechnung von Schubverstärkungen für Brettschichtholzbauteile

Philipp Dietsch

Zusammenfassung

Stiftförmige Verstärkungselemente in Form von selbstbohrenden Schrauben oder Gewindestangen sind im Hinblick auf die Verstärkung querzugbeanspruchter Bereiche Stand der Technik. In Bezug auf ihren Einsatz als Schubverstärkungen sind erst in den letzten Jahren vermehrt Forschungstätigkeiten feststellbar. Es fehlen jedoch noch durch experimentelle Untersuchungen abgesicherte Bemessungsansätze. Dieser Beitrag stellt einen analytischen Ansatz zur Berechnung der Tragfähigkeit von Brettschichtholzbauteilen vor, bei denen stiftförmige Verbindungsmittel als Schubverstärkungen vorliegen. Dieser basiert auf bekannten mechanischen Grundlagen und Werkstoffgesetzen und ermöglicht sowohl die Erfassung des nachgiebigen Verbundes zwischen den Verstärkungselementen und dem Holzquerschnitt als auch die Berücksichtigung der Interaktion von Schub- und Querspannungen. Ein Vergleich mit experimentellen Untersuchungen zeigt gute Übereinstimmung, der Einfluss der Schub-Querspannungs-Interaktion sollte mit berücksichtigt werden. Es zeigt sich, dass der Anteil der Verstärkungselemente an der Abtragung der Schubbeanspruchung im ungerissenen Zustand vergleichsweise gering ist. Berechnungen zu mittels Gewindestangen schubverstärkten Brettschichtholzbauteilen deuten an, dass unter baupraktischen Bedingungen Erhöhungen der Schubbeanspruchbarkeit von 20 % möglich sind.

Im Sinne einer internen Redundanz des verstärkten Holzbauteils gegenüber spröden Versagensmechanismen wie Schub und Querzug bietet es sich an, zugehörige Verstärkungen so zu entwerfen, dass diese auch die im gerissenen Zustand angreifenden Kräfte übertragen können. Eine Berechnungsmöglichkeit dieser im Versagensfall nachgiebig verbundenen Trägerteile stellt die Schubanalogie dar. Eine Studie zu baupraktisch relevanten, hochbeanspruchten Formen von Satteldachträgern und gekrümmten Trägern unter Ansatz einer Mindestbewehrung zur Übertragung des Schubflusses in Rissebene zeigt, dass die zwischen dem Ausgangszustand und dem gerissenen Zustand maximal eintretende Erhöhung der Biegespannungen im Bereich von einem Drittel liegt.

Der Beitrag schließt mit Betrachtungen zum Einfluss stiftförmiger Verstärkungselemente auf die Größe feuchteinduzierter Spannungen im Holzbauteil. Es deutet sich an, dass eine Abnahme der Holzfeuchte um 3 – 4 % am Ort von quer zur Faserrichtung eingebachten Gewindestangen zu kritischen Spannungszuständen hinsichtlich feuchteinduzierter Risse führen kann. Im Fall von um 45° geneigten Schubverstärkungen reduziert sich die Größe dieser Querzugspannungen in etwa um die Hälfte. Es wird eine deutliche gegenseitige Beeinflussung mehrerer nebeneinander angeordneter Verstärkungselemente festgestellt. Eine Reduzierung der Abstände der Verstärkungselemente führt demnach zu einer geringeren am Ort der Verstärkung tolerierbaren Reduktion der Holzfeuchte.

1   Einleitung

Die Verwendung von Brettschichtholzträgern veränderlicher Höhe eröffnet die Möglichkeit, dem in Trägerlängsrichtung veränderlichen Biegemoment ein in Trägerlängsrichtung veränderliches Widerstandsmoment gegenüberzustellen. Für den Einfeldträger unter Gleichlast führt dies im Falle der Schubspannungen zu einem gegenteiligen Effekt, da der Verlauf der Querschnittshöhe gegenläufig zum Verlauf der Querkraft ist, siehe Abb. 1. In Form von z.B. gekrümmten Trägern oder Satteldachträgern weisen derartige Brettschichtholzbauteile neben einer hohen Ausnutzung auf Biegung, Bereiche hoher Schubbeanspruchungen und hoher Querzugbeanspruchungen auf, zweier Beanspruchungen, denen gegenüber Holz geringe Beanspruchbarkeiten sowie spröde Versagensformen aufweist. Mehrere der insgesamt 245 in [1] ausgewerteten Schadensfälle an weitgespannten Holzbauteilen dokumentieren für derartigen Trägerformen die Möglichkeit eines faserparallelen Bruches über die gesamte Trägerlänge, teilweise gefolgt von einem Biegezugbruch aufgrund der geänderten Spannungsverteilung. Querzugverstärkungen in Form von selbstbohrenden Schrauben oder Gewindestangen sind Stand der Technik [2], [3]. In Bezug auf ihren Einsatz als Schubverstärkungen sind erst in den letzten Jahren vermehrt Forschungstätigkeiten feststellbar [4], [5]. Hierzu fehlen jedoch noch durch experimentelle Untersuchungen abgesicherte Bemessungsansätze.

Bei der Bemessung von Querzugverstärkungen zur Aufnahme geometriebedingter Spannungen wird davon ausgegangen, dass die gesamte Querzugspannung von den Verstärkungselementen übertragen wird [2], [3]. Hinsichtlich eines wirtschaftlichen Einsatzes von Verstärkungselementen ist es jedoch von Interesse, ob sich im ungerissenen Zustand eine anteilige Abtragung auftretender Beanspruchungen durch die Verstärkungselemente einstellt. Dies ist vor allem dann relevant, wenn eine hohe Anzahl an Verstärkungselementen notwendig ist, um eine Deckung der zugehörigen Beanspruchbarkeit des Materials zu erreichen. Die üblichen im Rahmen der Bemessung von Brettschichtholzbauteilen anzusetzenden   Schubbeanspruchbarkeiten liegen im Bereich des fünffachen der Querzugbeanspruchbarkeiten.

Im Rahmen dieses Beitrags werden Ansätze zur Bemessung von Schubverstärkungen für Brettschichtholz im ungerissenen und im gerissenen Zustand präsentiert, validiert und diskutiert. Der Zeitpunkt des Schubversagens des Brettschichtholzbauteils, d.h. der Übergang vom ungerissenen in den gerissenen Zustand, ist von dynamischen Effekten geprägt. Dieser Zustand wird im Folgenden nicht behandelt, ein möglicher Ansatz ist in [1] skizziert.

2   Berechnung von Schubverstärkungen im ungerissenen Zustand

2.1 Der analytische Ansatz der konstruktiven Anisotropie

Im Folgenden wird ein analytisches Verfahren vorgestellt das es ermöglicht, die Wirksamkeit derartiger Verstärkungen im ungerissenen Zustand rechnerisch zu erfassen. Anhand bekannter mechanischer Grundlagen und Werkstoffgesetze und unter Anwendung der Matrizenschreibweise lassen sich die aus einer Schubbeanspruchung resultierenden Dehnungen und daraus wiederum die Spannungen in den Verstärkungselementen bzw. im Holzbauteil ermitteln, siehe auch [6].

Das Verfahren basiert auf der Theorie des Mehrschichtenverbundes. In [7] (auf der Basis von [8] und [9]) werden dazu am Beispiel von Brettlagenholz unter Membran- und Biegebeanspruchung anisotrope Werkstoffeigenschaften von Verbundwerkstoffen hergeleitet. In [10] werden dieses Werkstoffkenngrößen sowie die Theorie des Mehrschichtverbundes aufgegriffen und für numerische Berechnungen an Wandscheiben aus Brettsperrholz verwendet. Beide Arbeiten enthalten methodische Ansätze, die auf Schubverstärkungen in Holzelementen übertragbar sind. So werden in [7] für die einzelnen, unterschiedlich orientierten Lagen eines Verbundquerschnittes die Steifigkeitskoeffizienten bezogen auf ein globales Koordinatensystem hergeleitet und daraus die Gesamtsteifigkeit des betrachteten Systems berechnet.

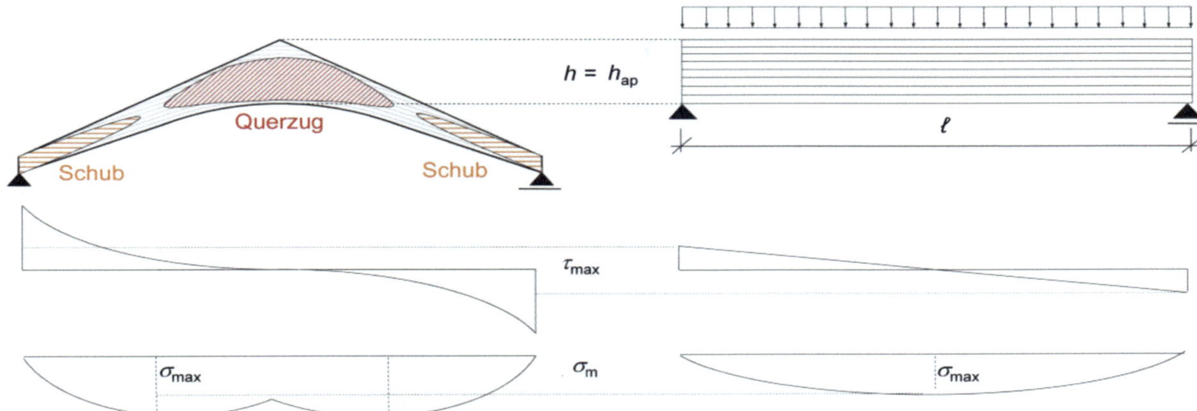

Abb. 1   Schematische Darstellung der Verläufe von Schub- und Biegespannungen in geradem Träger und gekrümmtem Satteldachträger

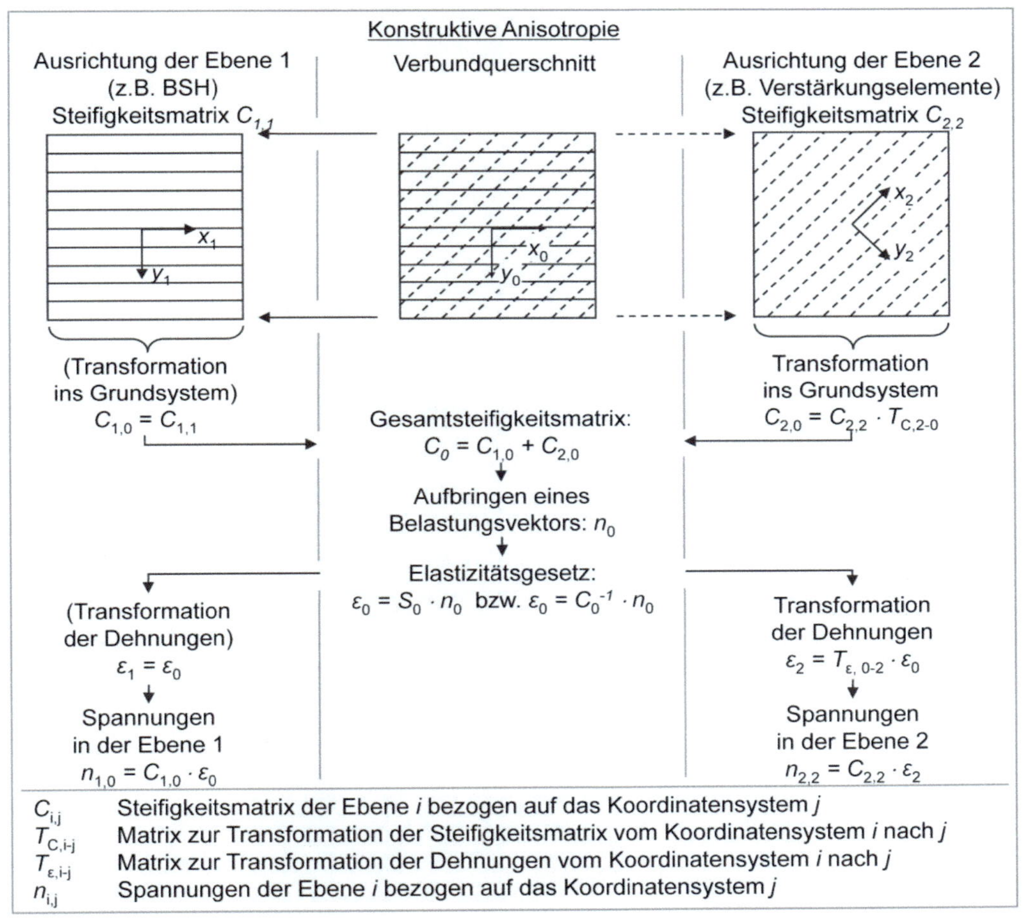

Abb. 2   Scheibenberechnung basierend auf der konstruktiven Anisotropie

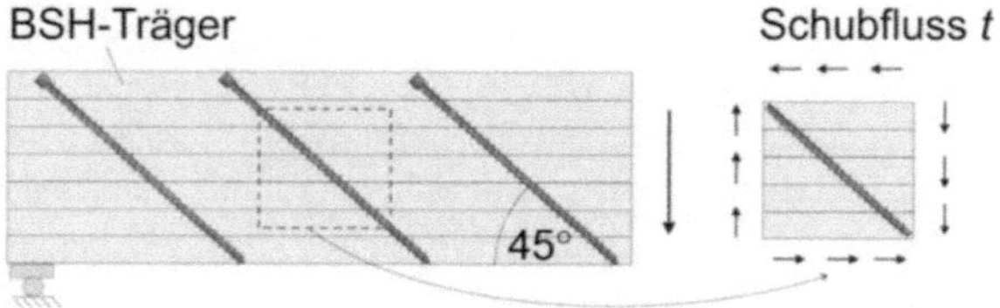

Abb. 3   Schubverstärkungen in BSH-Träger

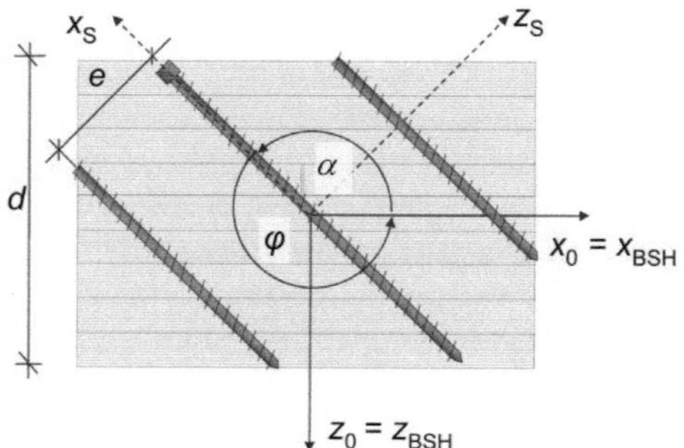

x_0, z_0 globale Koordinaten
(= lokale Koordinaten des BSH)
x_S, z_S lokale Koordinaten der Verstärkungselemente
φ, α Winkel für die Transformation
e Abstand der Verstärkungselemente senkrecht
zu ihrer Längsachse
d Elementdicke
b Elementbreite (senkrecht zur Darstellungsebene)

Abb. 4   Koordinaten- und Winkelbeziehungen für
die Steifigkeitstransformation im Rahmen
der konstruktiven Anisotropie

Nach dem Elastizitätsgesetz gelten für die Spannungs-Dehnungsbeziehungen eines Elementes unter Scheibenbeanspruchung in der x-z-Ebene: $\varepsilon = S \cdot \sigma$. Durch Inversion der Matrix S erhält man die Steifigkeitsmatrix C und kann die auftretenden Spannungen infolge bekannter Dehnungen bestimmen:

$$\begin{vmatrix} \sigma_x \\ \sigma_z \\ \tau_{xz} \end{vmatrix} = \begin{vmatrix} C_{11} & C_{12} & C_{13} \\ C_{21} & C_{22} & C_{23} \\ C_{31} & C_{32} & C_{33} \end{vmatrix} \cdot \begin{vmatrix} \varepsilon_x \\ \varepsilon_z \\ \gamma_{xz} \end{vmatrix} \quad \text{bzw.} \quad \sigma = C \cdot \varepsilon = S^{-1} \cdot \varepsilon \quad (1)$$

Liegt ein Verbundquerschnitt, bestehend aus zwei oder mehr Ebenen mit unterschiedlich orientierten Tragelementen vor, so spricht man von konstruktiver Anisotropie, siehe Abb. 2. In diesem Fall müssen die Steifigkeitsmatrizen der einzelnen Ebenen zunächst in ein globales Koordinatensystem, im Folgenden auch als Grundsystem bezeichnet, transformiert werden. Anhand der Gesamtsteifigkeits-

matrix können Beanspruchungen aufgebracht, Dehnungen ermittelt und darüber wiederum die Spannungen der einzelnen Tragelemente berechnet werden. Die Vorgehensweise ist in Abb. 2 schematisch dargestellt und wird anschließend erläutert.

Da das lokale Koordinatensystem der Ebene 1 mit dem globalen Koordinatensystem übereinstimmt, ist für diese Ebene weder eine Transformation der Steifigkeiten (C_1) noch der am Gesamtsystem ermittelten Dehnungen (ε_0) erforderlich. Für die Berechnung der Gesamtsteifigkeitsmatrix ist also nur die Transformation der Steifigkeitsmatrix der Ebene 2 (C_2) in das Grundsystem durchzuführen. Nach dem Elastizitätsgesetz können durch die Multiplikation der inversen Gesamtsteifigkeitsmatrix (C_0^{-1}) mit einem Beanspruchungsvektor (n_0) die Dehnungen (ε_0) des Verbundquerschnittes bezogen auf die globalen Koordinaten bestimmt werden. Um anschließend auf die Spannungen der Ebene 2 (n_2) rückrechnen zu können, muss eine Rotation der Dehnungen des Grundsystems in das lokale Koordinatensystem der Ebene 2 erfolgen.

2.2 Anwendung auf Schubverstärkungen in Holzbauteilen

Das Verfahren ist auch auf schubverstärkte Brettschicht- und Brettsperrholzbauteile anwendbar, siehe [6]. Es wird von einachsiger Lastabtragung und einer bereichsweise gleichmäßigen Anordnung der Schubverstärkungen und gleichmäßiger Schubbeanspruchung in diesem Bereich ausgegangen, siehe Abb. 3. Unter Verwendung der im Ingenieurholzbau üblichen Koordinatenbezeichnungen liegen die in Abb. 4 dargestellten Zusammenhänge vor.

Ermittlung der Steifigkeiten im Grundsystem

Bei der Ermittlung der Steifigkeiten des Grundsystems ist zunächst der Querschnittsaufbau des zu verstärkenden Bauteils zu betrachten. Liegen – wie im Fall von Brettschichtholzbauteilen angenommen – jeweils konstante Materialeigenschaften in Richtung der globalen Koordinaten vor, so ergibt sich die Steifigkeitsmatrix $C_{Holz,0}$ des Holzelementes bezogen auf das Grundsystem aus den Materialparametern der jeweiligen Richtungen. Mangels präziser Angaben für das anisotrope Material Holz und zum

Zwecke der Vereinfachung wird hierbei die Querdehnzahl μ zu Null gesetzt.

$$C_{Holz,0} = \begin{vmatrix} E_0 & 0 & 0 \\ 0 & E_{90} & 0 \\ 0 & 0 & G \end{vmatrix} \qquad (2)$$

Da die als Schubverstärkung eingesetzten Vollgewindeschrauben bzw. Gewindestangen in erster Linie auf Zug beansprucht werden, besitzen die Dehnsteifigkeiten EA_S der Verstärkungselemente in axialer Richtung entscheidenden Einfluss auf ihr Tragverhalten. Die Biegesteifigkeiten tragen nur einen unwesentlichen Anteil zur Gesamtsteifigkeit bei und werden daher im Rahmen dieser Betrachtungen vereinfachend vernachlässigt. Mittels der Transformationsmatrix lässt sich die Steifigkeitsmatrix $C_{S,0}$ der Schubverstärkungen bezogen auf das globale Koordinatensystem bestimmen:

$$C_{S,0} = \left(\frac{n_s}{b} \cdot \frac{EA_S}{e} \right) \cdot T_{C,S-0} \qquad (3)$$

$$T_{C,S-0} = \begin{vmatrix} \cos^4 \varphi & \sin^2 \varphi \cdot \cos^2 \varphi & -\sin\varphi \cdot \cos^3 \varphi \\ \sin^2 \varphi \cdot \cos^2 \varphi & \sin^4 \varphi & -\sin^3 \varphi \cdot \cos\varphi \\ -\sin\varphi \cdot \cos^3 \varphi & -\sin^3 \varphi \cdot \cos\varphi & \sin^2 \varphi \cdot \cos^2 \varphi \end{vmatrix}$$

EA_S Dehnsteifigkeit der Verstärkungselemente

n_S Anzahl der Reihen an Verstärkungselementen senkrecht zur betrachteten Tragrichtung

Die Gesamtsteifigkeit des Verbundquerschnittes im Grundsystem C_0 ergibt sich aus der Addition der Steifigkeitsmatrizen des Holzelementes $C_{Holz,0}$ und der Verstärkungselemente $C_{S,0}$.

$$C_0 = C_{Holz,0} + C_{S,0} \qquad (4)$$

Ein Vergleich der Steifigkeiten der einzelnen Elemente ermöglicht die Ermittlung der durch das Verstärkungselement bedingten Erhöhung der Steifigkeitskennwerte des Verbundquerschnittes.

Ermittlung von Beanspruchungen

Über den Vektor n_0 können am schubverstärkten Element Beanspruchungen aufgebracht werden. Dabei handelt es sich um die Spannungen σ_{x0} bzw.

σ_{z0} in den jeweiligen Hauptachsen des Grundsystems sowie die Schubspannung τ_{xz0} in der von den genannten Achsen erzeugten Ebene. Die im Beanspruchungsvektor n_0 enthaltenen Spannungen weisen jeweils einen konstanten Verlauf auf. Die aus den Beanspruchungen resultierenden Dehnungen bezogen auf das Grundsystem ergeben sich aus der Multiplikation des Vektors n_0 mit der Inversen C_0^{-1} der Gesamtsteifigkeitsmatrix:

$$\varepsilon_0 = C_0^{-1} \cdot n_0 \text{ bzw. } \begin{vmatrix} \varepsilon_{x_0} \\ \varepsilon_{z_0} \\ \gamma_{xz_0} \end{vmatrix} = C_0^{-1} \cdot \begin{vmatrix} \sigma_{x_0} \\ \sigma_{z_0} \\ \tau_{xz_0} \end{vmatrix} \qquad (5)$$

Aufgrund der unterschiedlich orientierten, lokalen Koordinatensysteme erfolgt eine getrennte Rückrechnung der Dehnungen auf die im Holzelement bzw. in den Schubverstärkungen auftretenden Spannungen.

<u>Holzelement</u>

Da die lokalen Koordinaten des Holzelementes mit den globalen Koordinaten übereinstimmen, ist zur Ermittlung der Beanspruchung keine Transformation der Dehnungen erforderlich:

$$n_{Holz} = C_{Holz,0} \cdot \varepsilon_{Holz} \text{ bzw. } \begin{vmatrix} \sigma_{Holz,x_0} \\ \sigma_{Holz,z_0} \\ \tau_{Holz,xz_0} \end{vmatrix} = C_{Holz,0} \cdot \begin{vmatrix} \varepsilon_{x_0} \\ \varepsilon_{z_0} \\ \gamma_{xz_0} \end{vmatrix} \qquad (6)$$

Aus dem Vergleich der am Gesamtsystem aufgebrachten Schubbeanspruchung τ_{xz0} und der daraus im Holzelement resultierenden Schubspannung $\tau_{Holz,xz0}$ ergibt sich der Verstärkungsgrad η_τ, der die Reduktion der Schubspannung infolge der Verstärkungselemente beschreibt:

$$\eta_\tau = \frac{\tau_{xz_0}}{\tau_{Holz,xz_0}} \qquad (7)$$

Außerdem liefert Gleichung (6) die Spannungskomponente $\sigma_{Holz,z0}$. Bei der gewählten Anordnung und dementsprechender Zugbeanspruchung der Verstärkungselemente liefern diese Querdruckbeanspruchungen senkrecht zur Faser. Verschiedene Untersuchungen (u.a. [12], [13], [14]) zeigen, dass sich die Spannungsinteraktion aus Schub und Querdruck positiv auf die Schubfestigkeit in Faserrichtung auswirkt. Die Schubverstärkungen bewirken also nicht nur eine Reduktion der Schubspannungen in den Holzquerschnitten, sondern führen bei gegebener Anordnung gleichzeitig zu einer Spannungsinteraktion, die sich zusätzlich positiv auf die Schubfestigkeiten auswirkt. In [4] wird folgender, aus den in [12] vorgestellten Versuchsergebnissen abgeleiteter Ansatz angegeben:

$$\tau = 4.75\,N/mm^2 - 1.15\cdot\sigma_\perp - 0.13\cdot\sigma_\perp^2 \qquad (8)$$

Schubverstärkung:

Für die Ermittlung der Beanspruchung der Schubverstärkung erfolgt zunächst die Transformation der Dehnungen in das lokale Koordinatensystem der Schubverstärkung:

$$\varepsilon_S = \varepsilon_0 \cdot T_{\varepsilon,0-S} \qquad (9)$$

Da für die Schubverstärkungen jedoch nur die axiale Dehnsteifigkeit EA_s berücksichtigt wird, ist es ausreichend, die Dehnung parallel zur Tragwirkung der Verstärkung zu berechnen:

$$\varepsilon_{x_S} = \begin{vmatrix} \varepsilon_{x_0} \\ \varepsilon_{z_0} \\ \gamma_{xz_0} \end{vmatrix} \cdot \begin{vmatrix} \cos^2\alpha & \sin^2\alpha & \sin\alpha\cdot\cos\alpha \end{vmatrix} \qquad (10)$$

Die achsenparallele Spannung $\sigma_{S,xs}$ und die Normalkraft $N_{S,xs}$ je Verstärkungselement betragen somit:

$$\sigma_{S,x_S} = \varepsilon_{x_S} \cdot E_S \qquad (11)$$

$$N_{S,x_S} = \varepsilon_{x_S} \cdot EA_S \qquad (12)$$

Berücksichtigung des nachgiebigen Verbundes zwischen Holz und Verstärkung

Bei der zuvor geschilderten Ermittlung der Gesamtsteifigkeitsmatrix wird ein starrer Verbund zwischen den Schubverstärkungen und dem Holzelement vorausgesetzt. Dies ist annähernd der Fall bei eingeklebten Gewindestangen. Bei Schubverstärkungen aus selbstbohrenden Vollgewindeschrauben oder vorgebohrten, eingedrehten Gewindestangen

triff dies jedoch nicht zu. In diesen Fällen liegt ein nachgiebiger Verbund zwischen den Holzfasern und dem Gewinde der Verstärkungselemente vor. Es ist also zu berücksichtigen, dass im Holzquerschnitt und in der Schraube unterschiedliche Dehnungen auftreten können. Die Nachgiebigkeit der Verbundfuge kann mittels einer Bettungssteifigkeit berücksichtigt werden. Diese kann anhand geeigneter Versuche bestimmt werden (siehe [16]).

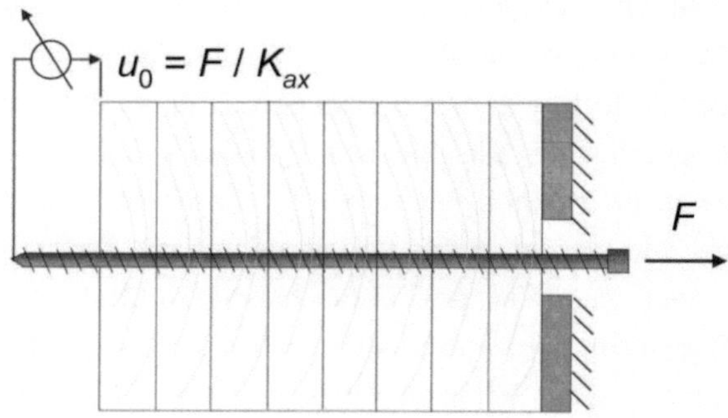

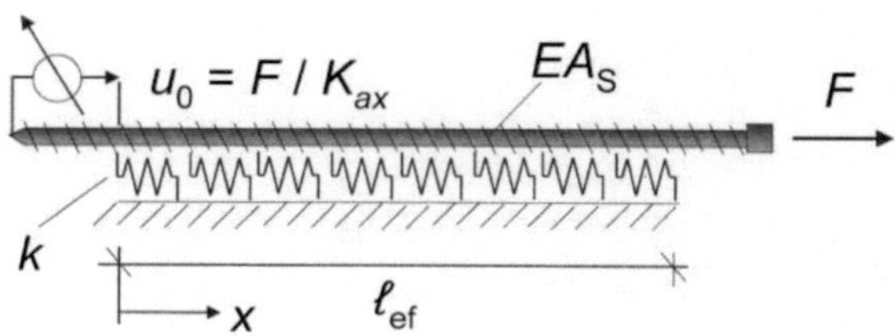

Abb. 5   Versuchsaufbau zur Ermittlung von K_{ax} [15] und zugehöriges Ersatzsystem

Alternativ besteht die Möglichkeit, die Nachgiebigkeit in Längsrichtung der Schraube durch den axialen Verschiebungsmodul K_{ax} zu beschreiben, der meist in den allgemeinen bauaufsichtlichen Zulassungen der Vollgewindeschrauben enthalten ist. Dieser ist vergleichbar mit einer Federsteifigkeit und ermöglicht die Ermittlung der Relativverschiebung zwischen einer axial beanspruchten Schraube und der Holzoberfläche. Für das vorliegende Verfahren ist der Verschiebungsmodul jedoch nur bedingt geeignet, da er keine Aussage über den Verlauf des Schubflusses im Verbund und den daran gekoppelten Normalkraftverlauf im Verstärkungselement liefert. Allerdings bietet sich die Möglichkeit, vom Beiwert K_{ax} auf eine elastische Bettung zurückzurechnen. Dazu wird das Tragverhalten der Schraube anhand eines Ersatzsystems beschrieben, das aus einem beidseitig endlichen, in Schraubenlängsrichtung elastisch gebetteten Träger besteht, siehe Abb. 5.

Der allgemeine Ansatz für die homogene Lösung der Differentialgleichung des horizontal elastisch gebetteten Trägers lautet:

$$u_{(x)} = C_1 \cdot e^{\lambda \cdot x} + C_2 \cdot e^{-\lambda \cdot x}$$

(13)

mit: $\quad \lambda = \sqrt{k / EA_S}$

Unter Einbeziehung der vorliegenden Randbedingungen ergibt sich folgende Lösung für die Differentialgleichung:

$$\lambda \cdot \left(e^{\lambda \cdot l_{ef}} - e^{-\lambda \cdot l_{ef}} \right) = 2 \cdot K_{ax} / EA_S$$

(14)

Der Beiwert λ kann iterativ oder anhand geeigneter numerischer Programme ermittelt und anschließend nach Gleichung (15) die Bettung k berechnet werden, die den Verbund zwischen der Schraube und dem Holzquerschnitt beschreibt.

$$k = \lambda^2 \cdot EA_S$$

(15)

Die in der Literatur und den bauaufsichtlichen Zulassungen angegebenen Verschiebungsmoduln K_{ax} gelten in der Regel für Einschraubwinkel von 90° (wie in Abb. 5 dargestellt). Bei Schubverstärkungen liegen üblicherweise Winkel von 45° zwischen Schraubenachse und Faserrichtung vor, siehe Abb. 6. In [4] werden axiale Verschiebungsmoduln für eingedrehte Gewindestangen mit Durchmessern $d = 16\,mm$ und $d = 20\,mm$, Einbindelängen $\ell = 200\,mm$ und $\ell = 400\,mm$ und Winkeln zwischen Schraubenachse und Faserrichtung von 45° und 90° angegeben. Für Winkel von 45° werden größere Verschiebungsmoduln ermittelt. Bei Verdoppelung der Einbindelänge wird eine überproportionale Zunahme der Verschiebungsmoduln festgestellt.

Es ist zu berücksichtigen, dass die im Verfahren anzusetzende Länge ℓ_{ef} der halben Schraubenlänge ℓ_S entspricht, siehe Abb. 6. Es existieren verschiedene ingenieurstechnische Ansätze um den nachgiebigen Verbund zwischen zwei Tragelementen zu berücksichtigen. Eine im Holzbau übliche und auch in [2] und [3] enthaltene Vorgehensweise stellt das

γ-Verfahren dar. Der nachgiebige Verbund wird dabei über den Beiwert γ berücksichtigt, mit welchem die Dehnsteifigkeit eines Querschnittsteiles des Verbundquerschnitts abgemindert und somit eine effektiv wirksame Dehnsteifigkeit des Gesamtquerschnittes ermittelt wird. Dieses Verfahren lässt sich auch auf den nachgiebigen Verbund zwischen Verstärkung und Holzelement übertragen. In diesem Fall gelten die in Abb. 6 dargestellten Zusammenhänge.

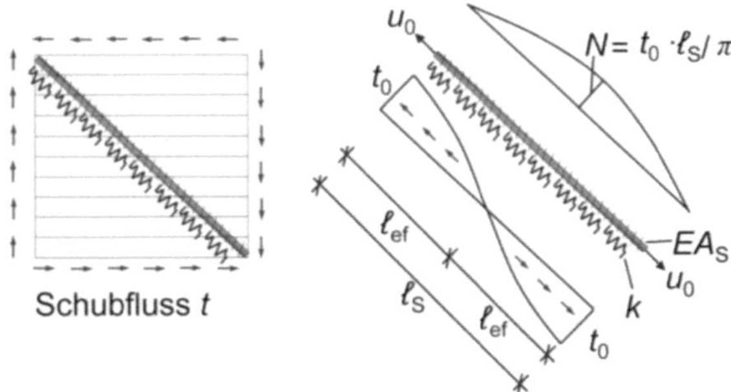

Abb. 6 Nachgiebiger Verbund eines Verstärkungselementes in einem Holzelement

Unter der Annahme, dass sich aufgrund der Schubverformung des Holzelements im Verstärkungselement ein annähernd sinusförmiger Normalkraftverlauf einstellt, muss in der Verbundfuge ein cosinusförmiger Schubflussverlauf vorliegen. Die aufgrund des angreifenden Schubflusses in der Verbundfuge auftretende Verformung u_0 ergibt sich aus den Verformungsanteilen der Verbundfuge und der normalkraftbeanspruchten Schraube:

$$u_0 = \frac{t_0}{k} + t_0 \cdot \frac{(2 \cdot l_{ef})^2}{\pi^2} \cdot \frac{1}{EA_S}$$

(16)

Die Verformung eines Verstärkungselements mit der effektiven Dehnsteifigkeit $efEA_S$ berechnet sich unter der vorliegenden Beanspruchung ohne Berücksichtigung einer elastischen Bettung nach folgendem Term:

$$u_0 = t_0 \cdot \frac{(2 \cdot l_{ef})^2}{\pi^2} \cdot \frac{1}{efEA_S}$$

(17)

Durch Gleichsetzen der Gleichungen (16) und (17) erhält man eine effektive Dehnsteifigkeit $efEA_S$, welche die Verformungsanteile der Bettung (k) und der Verformung des Verstärkungselements (EA_S) beinhaltet.

$$efEA_S = EA_S \cdot \cfrac{1}{1 + \cfrac{\pi^2 \cdot EA_S}{(2 \cdot l_{ef})^2 \cdot k}} = EA_S \cdot \gamma \qquad (18)$$

Analog zum γ-Verfahren lässt sich die Dehnsteifigkeit des Verstärkungselements durch den Beiwert γ abmindern und somit der Einfluss des nachgiebigen Verbundes berücksichtigen. Für die Steifigkeitsmatrix der Verstärkungselemente bezogen auf das Grundsystem gilt somit:

$$C_{S,0} = \left(\frac{n_s}{b} \cdot \frac{\gamma \cdot EA_S}{e} \right) \cdot T_{C,S-0} \qquad (19)$$

Die Berücksichtigung des nachgiebigen Verbundes führt zu folgenden Gleichungen zur Ermittlung der achsenparallelen Spannung $\sigma_{S,xs}$ und der Normalkraft $N_{S,xs}$ je Schraube:

$$\sigma_{S,x_S} = \varepsilon_{x_S} \cdot \gamma \cdot E_S \qquad (20)$$

$$N_{S,x_S} = \varepsilon_{x_S} \cdot \gamma \cdot EA_S \qquad (21)$$

mit: Beiwert γ nach Gleichung (18)

2.3 Vergleich mit experimentellen Untersuchungen

Zur Überprüfung der Eignung des Verfahrens wurden experimentelle Untersuchungen zum Tragverhalten von mit Vollgewindeschrauben verstärkten Brettschichtholzelementen durchgeführt und mit dem vorab vorgestellten Verfahren verglichen. Zuerst wurden nicht zerstörende Versuche im linear-elastischen Bereich zur Ermittlung der wirksamen Schubsteifigkeit von Brettschichtholzträgern nach [17] durchgeführt. Dabei wurde der Ansatz verfolgt,

die gleichen Prüfkörper mehrmals zu prüfen, während seine Eigenschaften (Querschnittsform, Verstärkung) zwischen den Versuchen geändert werden. Die Hälfte der zwölf untersuchten Brettschichtholzbauteile wurde mit Rissen versehen um eine mögliche Erhöhung des Einflusses der Verstärkungselemente an gerissenen Bauteilen zu erfassen. Nach Abwägung der Vor- und Nachteile des Einbringens von Rissen durch Trocknungsvorgänge bzw. dem mechanischen Einbringen wurde letztere Variante angewendet, da hierbei zwar die Holzfasern lokal durchtrennt werden, jedoch nur bei dieser Methode ein eindeutig definierbarer Querschnitt verbleibt. Nach Prüfung beider Serien ohne Schubverstärkungen kamen an denselben Bauteilen zwei Verstärkungsgrade (Abstand der Verstärkungselemente a_1 = 160 mm bzw. a_1 = 80 mm) zur Prüfung, siehe Abb. 7. Als Verstärkungselemente wurden Vollgewindeschrauben [18] mit einer Länge ℓ_S = 280 mm und einem Gewindedurchmesser von 8,0 mm verwendet.

Über die an den unverstärkten Elementen ermittelten Steifigkeitskennwerte wurde mit oben angegebenem Verfahren auf den zu erwartenden wirksamen Schubmodul G der verstärkten Elemente geschlossen. Die Bettungssteifigkeit k der Verstärkungselemente wurde aus den in [4] und [16] enthaltenen Versuchsergebnissen für Schrauben in Brettschichtholz abgeleitet. Die sich aus den analytischen Berechnungen ergebende Erhöhung des wirksamen Schubmoduls G lag für alle Konfigurationen im einstelligen Prozentbereich. Die über die Verstärkungselemente in das Brettschichtholzelement induzierten Querdruckspannungen waren zu klein um einen positiven Einfluss im Sinne einer Querdruck-Schub-Interaktion zu haben. Die Ergebnisse der analytischen Berechnungen und der Versuchsergebnisse werden in Abb. 8 gegenübergestellt.

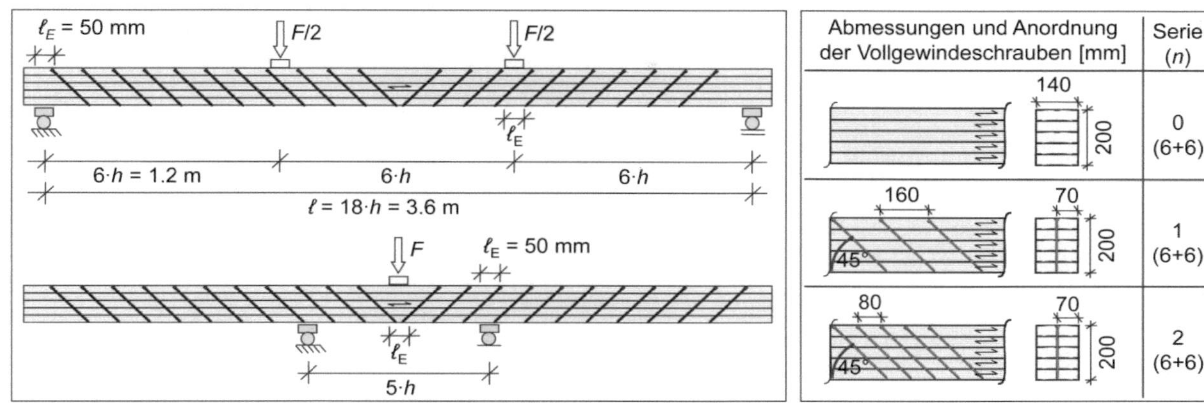

Abb. 7   Versuche zur Ermittlung des wirksamen Schubmoduls G der mit selbstbohrenden Schrauben schubverstärkten Brettschichtholzträger

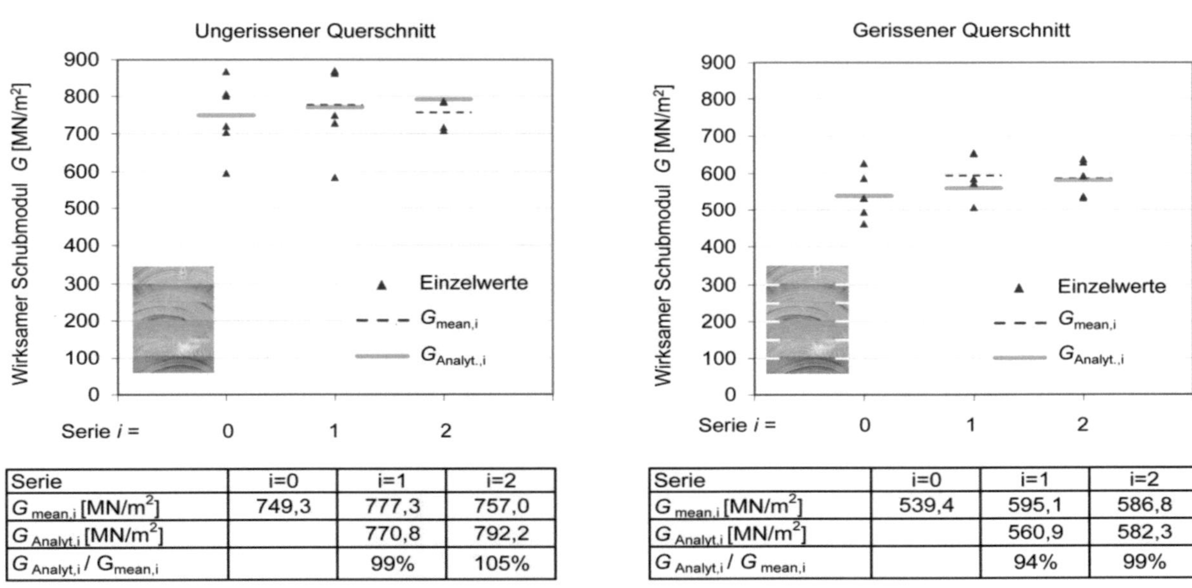

Serie	i=0	i=1	i=2
$G_{mean,i}$ [MN/m²]	749,3	777,3	757,0
$G_{Analyt,i}$ [MN/m²]		770,8	792,2
$G_{Analyt,i}$ / $G_{mean,i}$		99%	105%

Serie	i=0	i=1	i=2
$G_{mean,i}$ [MN/m²]	539,4	595,1	586,8
$G_{Analyt,i}$ [MN/m²]		560,9	582,3
$G_{Analyt,i}$ / $G_{mean,i}$		94%	99%

Abb. 8   Wirksamer Schubmodul der Brettschichtholzträger in unterschiedlichen Verstärkungsgraden Vergleich des analytischen Ansatzes mit den Versuchsergebnissen

Die Versuchsergebnisse bestätigen den geringen Einfluss der Verstärkungselemente auf die Schubsteifigkeit (siehe auch [5]) und damit ihren geringen Anteil an der Abtragung der Schubbeanspruchung. Die Reduktion der Schubsteifigkeit durch die Risse zeigt sich dagegen deutlich. Unerwartet war das Ausbleiben einer weiteren Erhöhung des wirksamen Schubmoduls für den zweiten Verstärkungsgrad. Vergleichende experimentelle Untersuchungen zur Ermittlung einer potentiellen Reduktion der Bettungssteifigkeit k bei zyklischer Aufbringung der sehr geringen Verformungen bestätigten dies nicht [1]. Vielmehr zeigte sich eine Verbesserung des Verbundes zwischen Verstärkungselement und Holzbauteil mit zunehmender Belastungswiederholung. Eine Erklärung könnte die aus u.a. [20] bekannte Sensitivität des ermittelten Schubmoduls G vom scheinbaren Elastizitätsmodul E_{app} liefern, welcher bei geringer Spannweite $\ell = 5 \cdot h$ (siehe Abb. 7 unten) und demnach kleinen Verformungen w bei gleichzeitig großen Lasten F zu ermitteln ist. Ein Vergleich mit zwei weiteren Methoden zur Ermittlung des Schubmoduls (Schwingungsanalyse, Schubfeld) zeigte für die angewendete Methode jedoch die befriedigendsten Genauigkeiten.

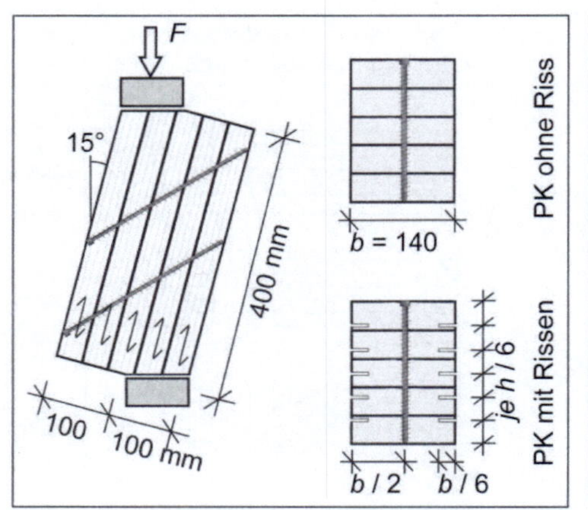

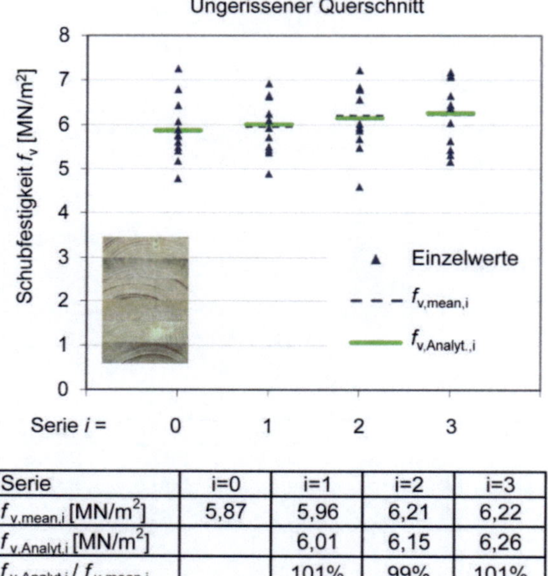

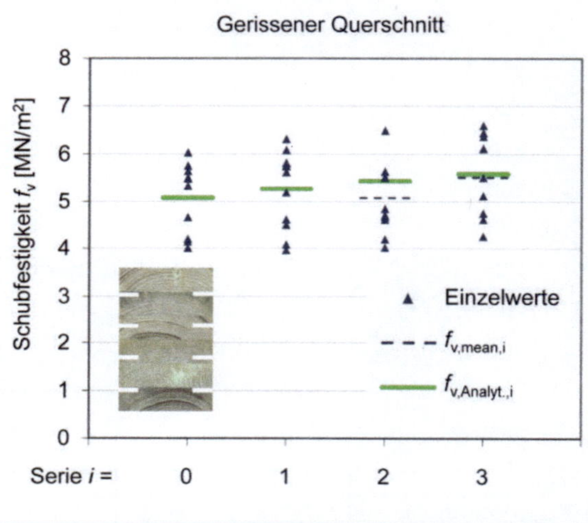

Abb. 9   *Versuche zur Ermittlung der Schubfestigkeit f_v der schubverstärkten Brettschichtholzelemente - Versuchsaufbau und verwendete Geometrie*

Ungerissener Querschnitt

Serie	i=0	i=1	i=2	i=3
$f_{v,mean,i}$ [MN/m²]	5,87	5,96	6,21	6,22
$f_{v,Analyt,i}$ [MN/m²]		6,01	6,15	6,26
$f_{v,Analyt,i}$ / $f_{v,mean,i}$		101%	99%	101%

Gerissener Querschnitt

Serie	i=0	i=1	i=2	i=3
$f_{v,mean,i}$ [MN/m²]	5,08	5,29	5,08	5,52
$f_{v,Analyt,i}$ [MN/m²]		5,27	5,44	5,59
$f_{v,Analyt,i}$ / $f_{v,mean,i}$		100%	107%	101%

Abb. 10   *Schubfestigkeit f_v der Brettschichtholzelemente in unterschiedlichen Verstärkungsgraden Vergleich des analytischen Ansatzes mit den Versuchsergebnissen*

Auch hinsichtlich der Schubfestigkeiten zeigen sowohl die Versuche wie auch der analytische Ansatz nur Erhöhungen im einstelligen Prozentbereich, siehe Abb. 10. Hierbei wurde der Einfluss der durch die Schrauben induzierten Querspannungen auf die Schubbeanspruchbarkeit unter Verwendung des vorab gegebenen Ansatzes berücksichtigt. Die im Versuch ermittelten Erhöhungen der Schubfestigkeiten durch die Verstärkungselemente korrelieren im Mittel gut mit dem Anteil der Tragfähigkeit der Schrauben auf Herausziehen in Richtung der Scherebene [4]. Bei den höheren Verstärkungsgraden (Serien 2 und 3) war nach dem Holzbruch eine weitere Lastaufnahme auf niedrigerem Lastniveau feststellbar. Dies war bedingt durch ein „Einhängen" der Last in die noch intakten Verstärkungselemente. Die am Nettoquerschnitt ermittelten Schubfestigkeiten der gerissenen Querschnitte liegen im Mittel 14% unter denen der ungerissenen Querschnitte. Die Begründung wird in der lokalen Schwächung des Querschnitts durch das Durchtrennen der Holzfasern während des mechanischen Einbringens der Risse vermutet.

Zum Zwecke einer weiteren Validierung wurden die von [4] im Versuch an schubverstärkten Biegeträgern aus Brettschichtholz ermittelten Tragfähigkeitssteigerungen herangezogen. Als Verstärkungen waren sowohl vorgebohrte und eingedrehte Gewindestangen wie auch selbstbohrende Vollgewindeschrauben verwendet worden. Für den Vergleich wurden alle Versuchsreihen verwendet, welche die Voraussetzungen zur Anwendung der konstruktiven Anisotropie erfüllen (u.a. regelmäßig angeordneten Schubverstärkungen). Weiterhin wurden die von gleichen Autoren ermittelten Verschiebungsmoduln K_{ax} verwendet. In den Versuchen ergaben sich aufgrund des z.T. hohen Verstärkungsgrades deutlichere Tragfähigkeitssteigerungen (max. 38%). Die Abweichungen zwischen den im Versuch und über den analytischen Ansatz ermittelten Steigerungen der Schubtragfähigkeit lagen im Mittel unter 4 %. Auch der negative Einfluss von Querzugspannungen auf die Schubfestigkeit im Fall druckbeanspruchter Verstärkungselemente wird gut abgeschätzt.

2.4 Praktische Anwendung und erreichbare Verstärkungsgrade

Mit dem in Abschnitt 2.2 vorgestellten analytischen Verfahren lässt sich die Tragfähigkeit von Holzbauteilen ermitteln, bei denen stiftförmige Verbindungsmittel als Schubverstärkungen vorliegen. Das Verfahren ermöglicht sowohl die Erfassung des nachgiebigen Verbundes zwischen den Verstärkungselementen und dem Holzquerschnitt als auch die Berücksichtigung der Interaktion von Schub- und Querspannungen. Die Qualität der Lösung ist abhängig von der Genauigkeit der Eingangsparameter (z.B. dem Verschiebungsmodul der Verstärkungselemente) und den Grundlagen zu den Auswirkungen der Spannungsinteraktion auf die Schubfestigkeiten. Das Verfahren ist auf Bauteile unter einachsiger Lastabtragung mit einer bereichsweise gleichmäßigen Anordnung der Schubverstärkungen und gleichmäßiger Schubbeanspruchung in diesem Bereich anwendbar. Bei Biegebalken unter Linienlasten und üblichen Längen- zu Höhenverhältnissen kann von einer ausreichenden Näherung ausgegangen werden.

Die Verstärkungselemente sollten unter einem Winkel von 45° zur Faserrichtung eingebracht werden. Dies bewirkt, dass sie einer idealen Schubbeanspruchung die höchsten Steifigkeits- und Festigkeitseigenschaften entgegensetzen und somit die Annahme rein axialer Beanspruchung gerechtfertigt scheint. Die Verstärkungselemente sollten so orientiert werden, dass im Belastungsfall Zugspannungen in den Verstärkungselementen entstehen.

Hinsichtlich der baupraktischen Anwendung derartiger Verstärkungselemente für die Schubverstärkung von Brettschichtholzbauteilen ist es von Interesse, welche Verstärkungsgrade tatsächlich erreicht werden können. Hierzu wurde eine Parameterstudie für übliche Konfigurationen innerhalb praktisch realisierbarer Grenzen durchgeführt. Die hierbei verwendeten Eingangswerte wurden [15], [18], [19] sowie [4] entnommen. Die in Abb. 10 dargestellten Ergebnisse zeigen theoretisch mögliche Erhöhungen der Schubbeanspruchbarkeit von bis zu 50 %. Diese sind jedoch nur erreichbar im Fall sehr geringer Bauteilbreiten (b = 120 mm) bei gleichzeitigem Einsatz von Gewindestangen großen Durchmessers (d = 20 mm) mit kleinstmöglichen Abständen (a_1 = 100 mm). Unter Ansatz baupraktisch üblicher Bauteilbreiten und praktikabler Abstände der Verstärkungselemente bei gleichzeitiger Berücksichtigung möglicher Relaxationserscheinungen erscheinen Erhöhungen der Schubbeanspruchbarkeit von 20 % möglich.

Das oben beschriebene, allgemeine Verfahren wurde im Rahmen der Entwicklung von europäisch technischen Zulassungen (ETAs) für den Fall von Schubverstärkungen mit um 45° zur Faserrichtung geneigten Vollgewindeschrauben bzw. vorgebohrten, eingedrehten Gewindestangen vereinfacht, siehe z.B. [23], [24]. Hierbei wurde von einem linearen, dreiecksförmigen Verlauf des Schubflusses entlang des Verstärkungselementes ausgegangen.

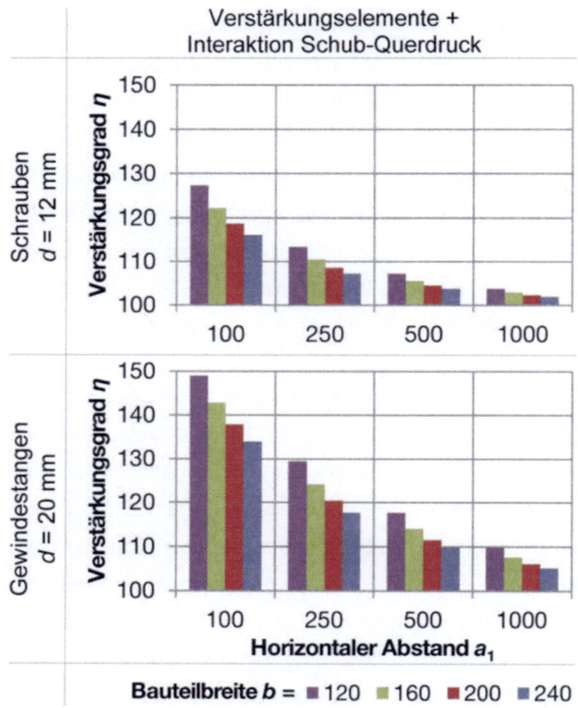

Abb. 11   Parameterstudie zum Verstärkungsgrad

Danach ist in schubverstärkten Bereichen der folgende Nachweis zu führen:

$$\frac{\tau_d}{f_{v,\mathrm{mod},d}} \leq 1 \ \text{ mit: } \ f_{v,\mathrm{mod},d} = \frac{f_{v,d} \cdot k_\tau}{\eta_H} \tag{22}$$

mit:

$$\eta_H = \frac{G \cdot b}{G \cdot b + \dfrac{1}{2 \cdot \sqrt{2} \cdot \left(\dfrac{6}{\pi \cdot d \cdot h \cdot k_{ax}} + \dfrac{a_1}{E \cdot A_S} \right)}} \tag{23}$$

$$k_\tau = 1 - 0{,}46 \cdot \sigma_{90,d} - 0{,}052 \cdot \sigma_{90,d}{}^2 \tag{24}$$

$$\sigma_{90,d} = \frac{F_{ax,d}}{\sqrt{2} \cdot b \cdot a_1} = \frac{(1 - \eta_H) \cdot V_d \cdot a_1}{h \cdot b \cdot a_1} = \tag{25}$$

mit:

τ_d Bemessungswert der Schubspannung

$f_{v,d}$ Bemessungswert der Schubfestigkeit

V_d Bemessungswert der Querkraft [N]

h Höhe des Holzbauteils [mm]

b Breite des Holzbauteils [mm]

d Gewindeaußen-Ø der Verstärkung [mm]

a_1 Abstand der Verst. parallel zur Faser [mm]

k_{ax} Verbindungssteifigkeit zwischen Verstärkung und Holzbauteil (z.B. lt. Zulassung)

EA_S Axiale Steifigkeit der Verstärkung (mit Kerndurchmesser d_1)

G Mittelwert des Schubmoduls [N/mm²]

Aus den vorab vorgestellten Ergebnissen lässt sich folgern, dass sich im Fall von stiftförmigen Verstärkungselementen wie Schrauben oder Gewindestangen nennenswerte Erhöhungen der Schubbeanspruchbarkeit nur unter vergleichsweise hohem Aufwand erreichen lassen. Dies liegt an den sehr geringen Schubverformungen des Holzbauteils bis zum Schubbruch, was begründet, dass die Verstärkungselemente im ungerissenen Zustand nicht ihre gesamte Tragfähigkeit aktivieren können. Daraus lässt sich folgern, dass zusätzliche Überlegungen zum Versagensfall des Schubbruches (≙ gerissener Zustand) anzustellen sind. Im Hinblick darauf ist die vorab gemachte Feststellung, dass im Versagensfall die Verstärkungselemente auf Zug voll ausgenutzt und zusätzliche Reibwiderstände zwischen den zwei Bruchflächen aktiviert werden, positiv zu werten.

3 Bemessung von Schubverstärkungen im gerissenen Zustand

Das in Abschnitt 2 vorgestellte analytische Verfahren zur Berechnung von schubverstärkten Holzbauteilen endet mit dem Fall des Schubbruchs des Holzbauteils. Die im Rahmen der Versuche gemachte Feststellung, dass im Versagensfall die Verstärkungselemente auf Zug voll ausgenutzt und zusätzliche Reibwiderstände zwischen den zwei Bruchflächen aktiviert werden, ist im Hinblick auf die Robustheit des Tragwerkes positiv zu werten. Werden Verstärkungselemente derart bemessen, dass sie im Falle eines Versagens des Holzbauteils die vollständige Trennung der oberen und unteren Trägerhälften verhindern, so erwirkt man damit eine interne Redundanz des verstärkten Bauteils. Die Verstärkungselemente bilden folglich eine zweite Verteidigungslinie gegenüber den spröden Versagensmechanismen wie Schub oder Querzug, siehe Abb. 12 und [25].

Eine Berechnungsmöglichkeit dieser im Versagensfall nachgiebig verbundenen Trägerteile stellt die von Kreuzinger entwickelte Schubanalogie dar (u.a. [26], [27] und [2], [3]).

Hierbei wird der reale Verbundquerschnitt über einen ideellen Modellquerschnitt mit zwei hinsichtlich der Verschiebungen gekoppelten Ebenen A und B beschrieben. Anschaulich beschreibt Ebene A das Tragverhalten der lose übereinander liegenden Teilquerschnitte. Dementsprechend werden ihr die Eigenanteile der Biegesteifigkeiten zugewiesen. Ebene B beschreibt das Zusammenwirken der Teilquerschnitte infolge der Verbundwirkung. Ihr werden die Steineranteile der Biegesteifigkeiten und eine Ersatzschubsteifigkeit zur Berücksichtigung der Nachgiebigkeit des Verbundquerschnitts zugeord-

net. Nach Ermittlung der Schnittgrößen am Ersatzsystem erfolgt eine Rückrechnung auf die Schnittgrößen in den Einzelquerschnitten, siehe Abb. 13.

Die Schubanalogie bietet sich für eine rechnerorientierte Umsetzung mittels Stabwerksprogrammen an. Da sich dadurch die Möglichkeit einer abschnittsweisen Definition der Querschnittswerte und Steifigkeitskennwerte eröffnet, lassen sich auch Biegeträger veränderlicher Höhe und abschnittsweise veränderlicher Steifigkeit der Verbindungsfuge berechnen. Unter Verwendung dieser Methode wurde eine Parameterstudie zu baupraktisch relevanten, hoch biege-, schub- und querzugbeanspruchten Formen von Satteldachträgern und gekrümmten Trägern durchgeführt. Zur Ermittlung der relevanten Geometrien wurden die den einzelnen Trägerformen zugehörigen Randbedingungen in gleichmäßigen Schrittweiten durchlaufen, wobei jeweils alle notwendigen Spannungsnachweise geführt wurden [28].

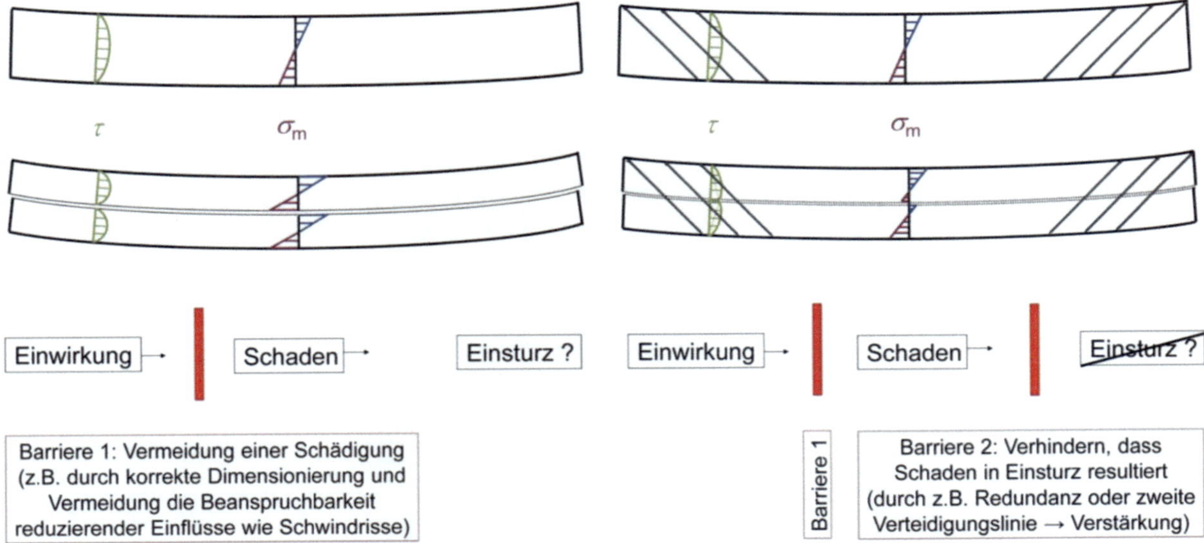

Abb. 12   Barrieremodell im Sinne einer Robustheitsbetrachtung [25]

Mittels vorgegebener Wirtschaftlichkeitsgrenzen und Versagensgrenzen wurden die für jeden Nachweis relevanten Teilmengen an Geometrien bestimmt, aus denen durch Zusammenführung die Schnittmenge der für o.g. Zielsetzung relevanten Geometrien ermittelt wurde. Aus dieser wurden für jede Trägerform (gekrümmter Träger und Sattel-

dachträger mit gekrümmtem Untergurt) zehn Beispiele gewählt, welche den gesamten Bereich der Schnittmenge hochbeanspruchter Geometrien abdeckten. Für diese wurde anschließend auf eine Mindestbewehrung zur Übertragung des Schubflusses und der Querzugspannungen geschlossen wobei der Ansatz verfolgt wurde, dass die Tragfähigkeit der Verstärkungselemente die auftretenden Spannungen gerade abdeckt, d.h. die Verbindungsmittel voll ausgelastet und in einem maximal möglichen Abstand angeordnet sind. Aufgrund des Zusammenhanges zwischen Fugensteifigkeit und resultierendem Schubfluss war hierbei iterativ vorzugehen. Um den hinsichtlich der Biegespannungen ungünstigsten Fall abzudecken, wurde die Rissfuge auf halber Trägerhöhe angenommen, ein möglicher Reibwiderstand in der Rissfuge wurde vernachlässigt. Die Verschiebungsmodul K_{ax} der vorgebohrten und eingedrehten Gewindestangen wurden [4] entnommen. Kennwerte zur Tragfähigkeit sind z.B. in [18], [21], [23] und [24] enthalten. Hinsichtlich der Verschiebungsmodul K_{ser} sowie der notwendigen Anzahl der Verstärkungselemente zur Übertragung der Querzugspannungen wurde auf [2], [3] zurückgegriffen. Die Länge der schubverstärkten Bereiche je Seite wurde zwischen 10 % und 20 % der gesamten Trägerlänge variiert, so dass in Grenzfällen ein über die gesamte Länge verstärkter Träger (incl. Querzugverstärkungen) vorlag.

Bei der kleinsten gewählten Länge der schubverstärkten Bereiche ergab sich eine maximale Steigerung der Biegespannungen von 33 % im Vergleich zum ungerissenen Zustand, vgl. Abb. 14. Zurückzuführen ist dies auf die hohen axialen Verschiebungsmodul der Gewindestangen und die sich daraus ergebenden hohen Fugensteifigkeiten. Diese wiederum resultieren in hohen Schubflüssen und dadurch - unter Berücksichtigung der axialen Tragfähigkeit der Gewindestangen – in recht geringen Verbindungsmittelabständen.

Auf gegebenem Niveau der Fugensteifigkeiten führt ein Anstieg ebendieser nur zu einem stark unterproportionalen Anstieg des Schubflusses und damit nur zu marginalen Änderungen der Biegespannungen. Zwischen den einzelnen Trägerformen traten nur geringfügige Unterschiede in den Ausnutzungsgraden auf. Mit zunehmendem Verhältnis $\ell/(h_{ap}$ bzw. $h_1)$ ergaben sich leicht steigende Ausnutzungsgrade.

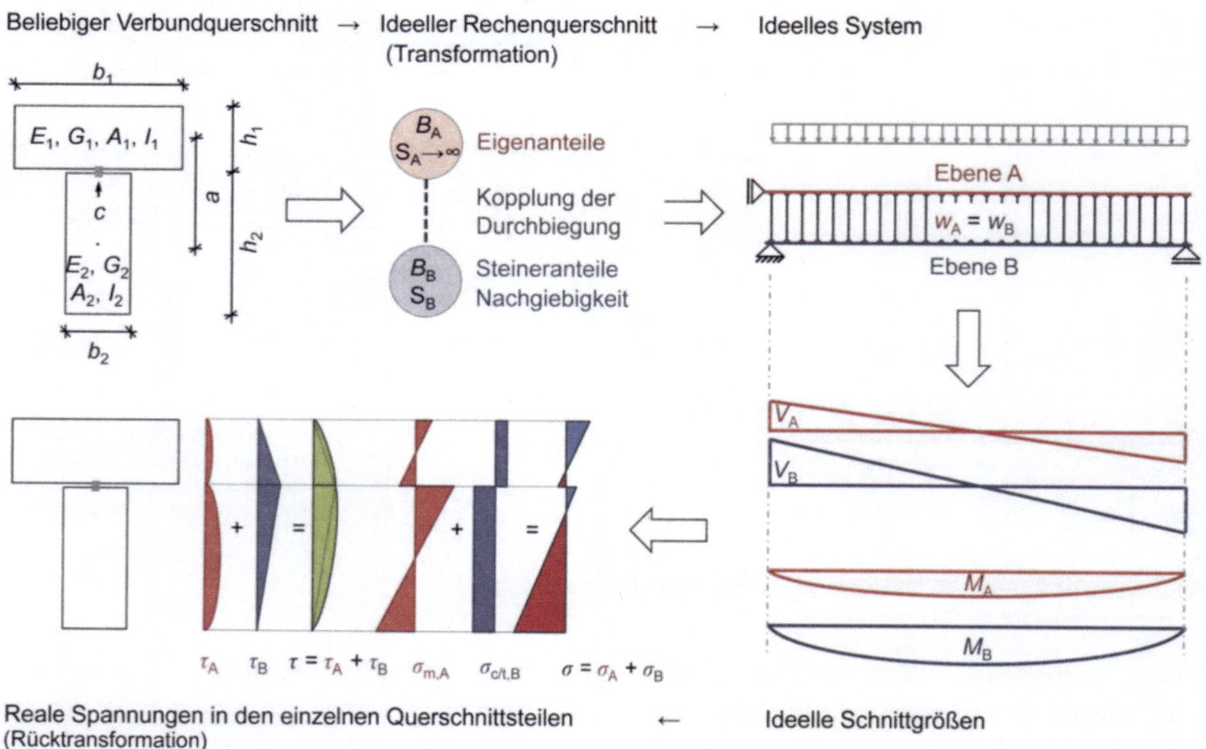

Abb. 13   Schematische Darstellung der Vorgehensweise im Rahmen der Schubanalogie

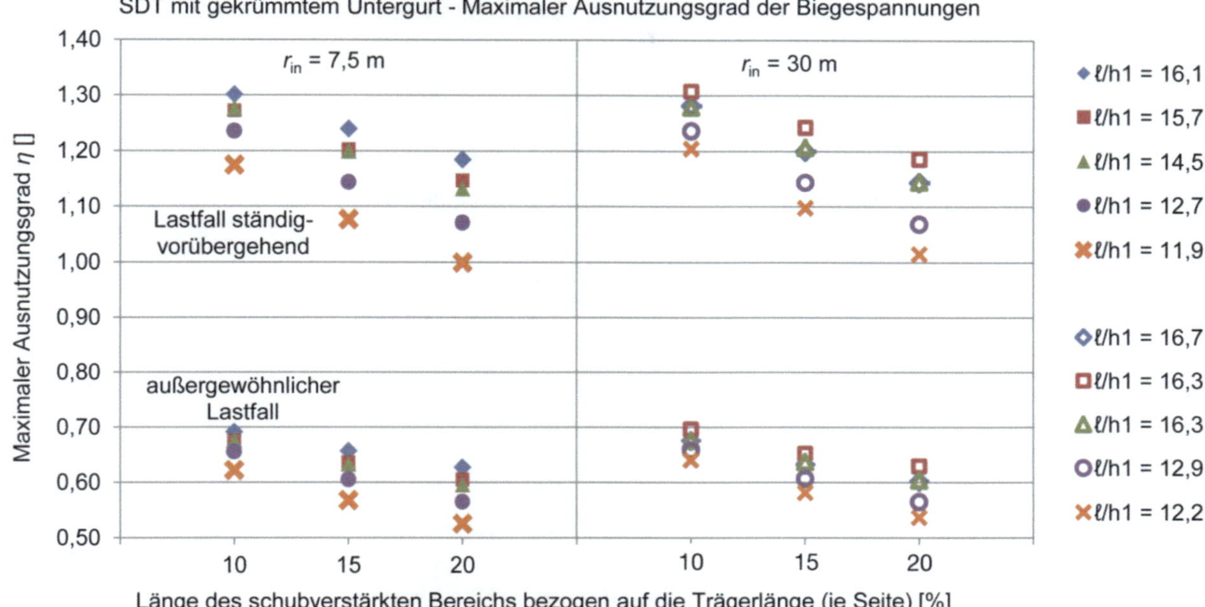

Abb. 14 Beispielhafte Ergebnisse (unten gekrümmter Satteldachträger) der Parameterstudie zur Erhöhung der Biegespannungen im Fall des faserparallelen Bruches verstärkter BSH-Träger bei Variation der Geometrie und Anordnung der Verstärkungselemente [25]

Mit zunehmender Länge der schubverstärkten Bereiche sinken die Ausnutzungsgrade der Biegespannungen deutlich. Weiterhin wurde zwar eine deutliche Änderung der Größe des Schubflusses, jedoch nur eine sehr geringe Änderung des in Summe zu übertragenden Schubflusses festgestellt. Demnach steigt die Summe der notwendigen Verstärkungselemente mit zunehmender Länge des schubverstärkten Bereiches nur in geringem Maße, die maximal möglichen Abstände nehmen annähernd linear zu.

Zur Validierung der Ergebnisse wurden ausgewählte Trägerformen mithilfe der Finite-Element-Methode berechnet. Die Berechnungen wurden zum einen mit einem Scheibenmodell mit Federelementen in der Verbundfuge wie auch mit einem Scheibenmodell incl. kompletter Modellierung der Verstärkungselemente durchgeführt, wobei die mit beiden Modellen ermittelten Ergebnisse waren fast identisch waren. Es wurden Trägergeometrien gewählt, die stark von der Form des geraden Trägers abweichen, also sowohl eine veränderliche Trägerhöhe, als auch einen gekrümmten Bereich aufwiesen. Der Vergleich erfolgte anhand der Biegespannungen über die Trägerlänge am oberen und unteren Trägerrand. Ein Vergleich mit den Ergebnissen der

Berechnungen mittels der Schubanalogie zeigte recht gute Übereinstimmung für die Trägerbereiche veränderlicher Höhe. Im Firstbereich (innerhalb ca. $\pm 2 \cdot h_{ap}$) ergaben sich jedoch nicht unerhebliche Abweichungen. Diese waren bei kurzer Länge des schubverstärkten Bereiches stärker ausgeprägt als bei längeren schubverstärkten Bereichen. Eine bessere Übereinstimmung ergab sich bei Vernachlässigung der Schubverformungen der Einzelquerschnitte im Rahmen der Berechnung nach der Schubanalogie.

Der Grund für die Abweichungen liegt hauptsächlich in der Tatsache, dass nach der Methode der Schubanalogie die Schnittgrößen entsprechend der technischen Biegetheorie ermittelt werden, während die nicht geradlinige Spannungsverteilung im Firstbereich von gekrümmten Trägern oder Satteldachträgern mittels der Scheibentheorie anzunähern ist [29]. Dementsprechend ergab sich eine deutlich bessere Übereinstimmung unter Berücksichtigung der in [29] gegebenen Beiwerte zur Berücksichtigung der nichtlinearen Spannungsverteilung wobei anzumerken ist, dass diese Beiwerte nicht für den gegebenen Fall des gerissenen, nachgiebig verbundenen Querschnitts hergeleitet wurden. Das Verfahren der Schubanalogie lieferte in allen untersuchten Fällen betragsmäßig höhere, also auf der sicheren Seite liegende, Werte der maximalen Biegespannungen.

4 Einfluss von Holzfeuchteänderungen auf verstärkte Brettschichtholzbauteile

4.1 Hintergrund

Änderungen des Feuchtegehalts von Holz bedingen Änderungen nahezu aller physikalischer und mechanischer Eigenschaften (z.B. Festigkeiten) dieses Baustoffs. Ein weiterer Effekt von Holzfeuchteänderungen sind die daraus resultierenden Quell- und Schwinderscheinungen im Holz. Da die Aufnahme und Abgabe von Feuchte über die Oberflächen der Holzbauteile erfolgt, passen sich die äußeren Schichten schneller an die klimatischen Bedingungen an als innenliegende Bereiche. Das daraus resultierende Holzfeuchtegefälle (Feuchtegradiente) und die zugehörigen Schwind- bzw. Quellerscheinungen führen zu inneren Spannungen im Querschnitt. Diese Spannungen werden zwar durch Relaxationsvorgänge abgemindert, bei der Überschreitung der sehr geringen Querzugfestigkeit von Holz erfolgt jedoch ein Spannungsabbau in Form von Rissen, welche zu einer Reduktion der Beanspruchbarkeit des Bauteils gegenüber z.B. Schub- oder Querzugbeanspruchungen führen.

Wird die freie Verformung des Querschnitts durch Haltekräfte verhindert, so ist die Größe der entstehenden Spannungen aus Holzfeuchteänderungen von der Differenz zwischen den Dehnungen des Holzquerschnittes und der sperrenden Elemente abhängig. Ein Ausgleich der feuchteinduzierten Spannungen über die Querschnittsbreite wird durch die Haltekräfte unterbunden. Ein Beispiel sind Gabellagerungen mit weit auseinander liegenden, stiftförmigen Verbindungsmitteln.

Bei senkrecht zur Faserrichtung angeordneten Verstärkungselementen wird der umliegende Holzquerschnitt durch die mechanische Verzahnung bzw. die Klebefuge zwischen Holz und Verstärkungselement an einer freien Verformung in Richtung des Verstärkungselementes gehindert. Bei Verstärkungselementen aus Holz ist dieser Sperreffekt auf

die ausgeprägte Schwindanisotropie von Holz zurückzuführen. Bei Verstärkungselementen aus Stahl entsteht dieser Effekt, da Stahl zwar auf Temperaturänderungen, nicht jedoch auf Feuchteänderungen mit Dehnungsänderungen reagiert. Die im Folgenden aufgeführten mechanischen Überlegungen beziehen sich auf senkrecht zur Faser, mittig in den Holzquerschnitt eingebrachte Verstärkungselemente aus Stahl, sie sind jedoch auf seitlich angebrachte Verstärkungselemente aus Holz übertragbar.

4.2 Mechanisches Modell

Um den verstärkten Querschnitt mechanisch zu beschreiben, eignet sich der in Längsrichtung elastisch gebettete Balken, siehe Abb. 15. Die Steifigkeit der Verbundfuge wird dabei durch die horizontale Bettung abgebildet. m Fall eines verstärkten Holzbauteils unter Schwinddehnungen wird sich um die Enden der innen liegenden Verstärkungselemente ein Druckkegel ausbilden.

Senkrecht dazu bilden sich Zugspannungstrajektorien, die sich anschließend parallel zum Verstärkungselement ausrichten, siehe Abb. 15. Die Größe des Spannungskegels im Querschnitt ist abhängig von der Querschnittsbreite und vom Lastausbreitungswinkel, in Trägerlängsrichtung nur von letzterem.

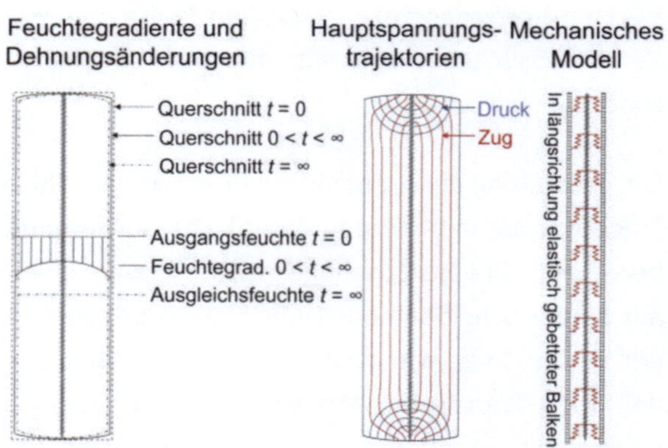

Abb. 15   Verformungsfigur, Hauptspannungstrajektorien und mechanisches Modell eines verstärkten Holzbauteils unter Schwinddehnungen

4.3 Experimentelle Untersuchungen und vergleichende Berechnungen

Um einen ersten Einblick in das Verhalten verstärkter Brettschichtholzbauteile unter Schwinddehnungen zu erhalten, wurden Tastversuche in Form von Kurzzeitversuchen durchgeführt. Diese basieren auf der Überlegung, dass Art und Lage der induzierten Dehnungsänderung bei einem relativ steifen Verbund zwischen Holz und Verstärkungselement nur einen recht geringen Einfluss auf die Spannungsverteilung im Holzbauteil haben. Als Modell kann wieder der in Längsrichtung elastisch gebetteten Balken herangezogen werden, bei dem sich unter Annahme einer relativ hohen Steifigkeit der elastischen Bettung die Übertragung der Spannung zwischen den zwei verbundenen Elementen sowohl bei einem äußeren Lastangriff (z.B. Zug auf der Verstärkung) als auch bei intern auftretenden Spannungen (z.B. behinderte Schwinddehnungen) hauptsächlich am Anfang ($x = 0$) und Ende ($x = \ell$) der Elemente stattfinden wird. Das heißt, dass sich zwar die Art der Dehnung (interne Querschnittsverringerung durch Schwinddehnungen bzw. Querschnittsvergrößerung durch von außen aufgebrachte Zugdehnungen) voneinander unterscheidet, die Ausbreitung und Verteilung der Spannungen im Holzbauteil aufgrund der Interaktion zwischen diesem und dem Verstärkungselement jedoch vergleichbar sind.

Nachdem diese Annahme mittels Finite-Element-Berechnungen validiert wurde [1], [30], wurden großmaßstäbliche Versuche an mittels einer eingeklebten Gewindestange senkrecht zur Faser verstärkten Brettschichtholzbauteilen durchgeführt, siehe Abb. 16. Die Versuche wurden als weggesteuerte Zugversuche gefahren, wobei die Zugkraft auf das Verstärkungselement aufgebracht wurde. Neben der Kraft und dem Maschinenweg wurde die Dehnungsverteilung einer kompletten Seitenfläche mittels eines berührungslosen optischen Messsystems aufgenommen. In allen Versuchen trat im Bereich der inneren Viertel der Querschnittshöhe ein durchgehender Riss bei lokalen maximalen Dehnungen $\varepsilon_{max} = 0.5\ \%$ auf. Eine weitere Lasterhöhung führte zu einem Öffnen des bestehenden Risses, jedoch nicht zum Auftreten weiterer Risse. Dieses Ergebnis deckt sich mit Beobachtungen in Bauwerken mit verstärkten Brettschichtholzbauteilen. Die

inhomogene Dehnungsverteilung über die Prüfkörperoberfläche wie auch die deutliche Reduktion der Dehnungen ober- und unterhalb des Risses sind deutlich erkennbar, siehe Abb. 16.

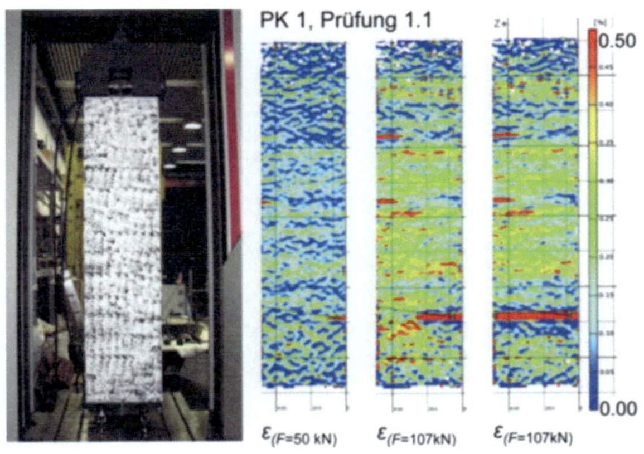

Abb. 16   Prüfkörper in Prüfmaschine (li.) sowie Dehnungsverteilung des Prüfkörper vor und nach Durchriss (rechts)

Um den tatsächlichen während der Versuche vorliegenden Spannungszustand weiter einzugrenzen, wurden die Prüfkörper in einem Finite-Element-Modell implementiert. Nach der Bestimmung der relevanten Steifigkeitsparameter der Prüfkörper wurden die mittleren Querzugspannungen im höchstbeanspruchten Bereich der Prüfkörperoberfläche direkt vor der Rissentstehung sowie bei Maximallast ermittelt. Anschließend wurde mit dem gleichen Modell auf die äquivalente Abnahme der Holzfeuchte geschlossen, welche eine entsprechende Querspannungsverteilung hervorruft.

Die Versuche erlauben keine Rückschlüsse auf Langzeiteffekte wie Relaxation. Der Großteil der Forschungsarbeiten zur Relaxation von Holzelementen bei Holzfeuchteänderungen (aufgrund der Menge der vorliegenden Arbeiten wird für eine Literaturliste auf [1] verwiesen) geben für baupraktische Umgebungsbedingungen einen Spannungsabbau aufgrund der mechano-sorptiven Eigenschaften von Holz in der Größenordnung zwischen 40 % und 70 % an. Unter Ansatz einer Spannungsrelaxation von 60 % deutet sich an, dass im Falle senkrecht zur Faser mit Gewindestangen verstärkter Brettschichtholzbauteile bei einem Absinken der Holzfeuchte um 3 – 4 % am Ort der Verstärkungen, kritische Spannungszustände hinsichtlich feuchteinduzierter Risse auftreten können. Im Falle von um 45° geneigten Verstärkungselementen ergeben sich Querzugspannungen in einer Größenordnung von etwa der Hälfte, das Ausmaß des hoch querzugbeanspruchten Volumens reduziert sich dabei deutlich (auf etwa 15 %).

Zur Beantwortung der Frage, warum sich in den Versuchen keine (wie aus dem Stahlbetonbau bekannte) Rissverteilung einstellte, sind hauptsächlich drei Faktoren zu berücksichtigen. Der erste, hinsichtlich einer gleichmäßigen Rissverteilung wichtige Faktor, ist eine homogene Verteilung der Steifigkeiten und Festigkeiten im betrachteten Bereich. Dies ist sowohl bei Holz als auch bei Beton nicht gegeben. Zum zweiten ist – neben einer hohen Verbundsteifigkeit - ein möglichst hohes Verhältnis zwischen Steifigkeit und Festigkeit des Materials notwendig, um eine schnelle Lasteinleitung nach dem Riss bei geringer Verformung zu erreichen. Dies ist bei Beton gegeben, bei Holz ist dieses Verhältnis jedoch näherungsweise um das 25-fache geringer. Zudem ist der Umstand zu berücksichtigen, dass mittig ins Holzbauteil eingebrachte Verstärkungselemente einen Randabstand zur Oberfläche haben, der dem 2- bis 5-fachen der im Stahlbetonbau üblichen Betondeckungen entspricht. In Summe kann dies erklären, dass die durch den Schwindvorgang induzierten Haltekräfte der Verstärkungselemente nicht zu einer Verteilung der sich dadurch im Holzbauteil einstellenden Entlastungsrisse führt.

4.4 Modellierung realer Zustände

Zum Zweck einer Abschätzung der Spannungsverteilungen in verstärkten Holzbauteilen unter Schwind- und Quelldehnungen wurden solche Bauteile mithilfe eines Finite-Element-Programmes generiert und berechnet [1], [30].

Abb. 17 und Abb. 18 zeigen die Verteilung der Querspannungen in einem Brettschichtholzelement bei Variation der Abstände und Anordnungswinkel eingeklebter Gewindestangen. Für das Brettschichtholzelement mit rechtwinklig zur Faser angeordneten Gewindestangen bildet sich ein zum

Verstärkungselement achsensymmetrischer Kegel aus Zugspannungen.

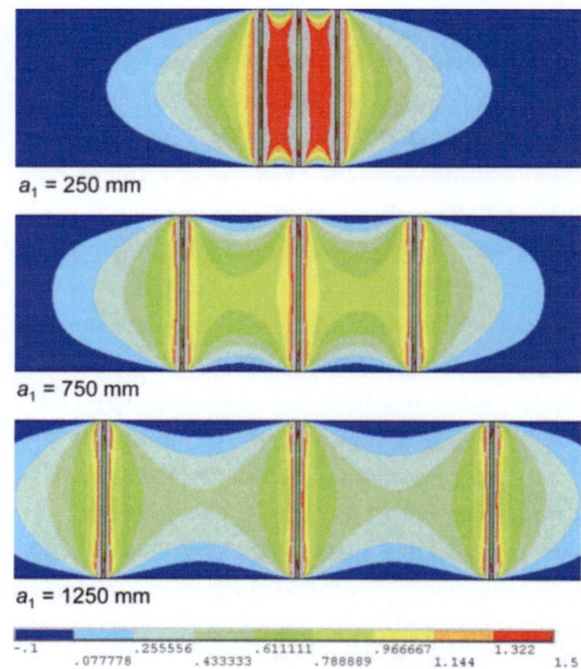

Abb. 17   Verteilung der Querzugspannungen (normiert) in BSH-Element mit eingeklebten Gewindestangen unter 90°

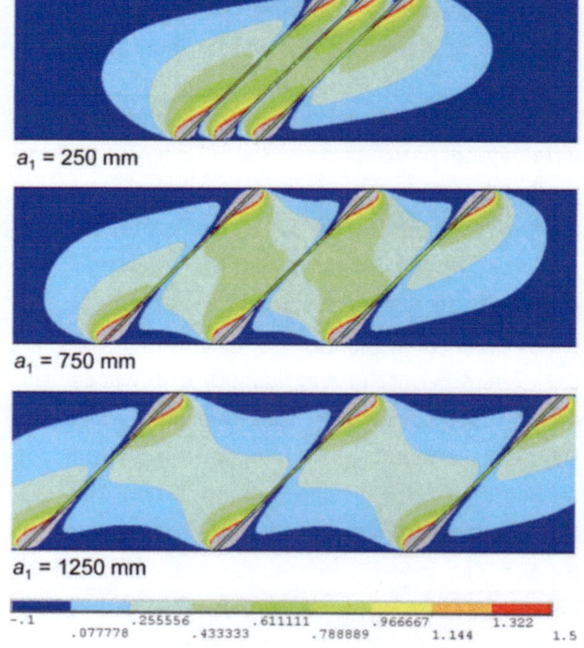

Abb. 18   Verteilung der Querzugspannungen (normiert) in BSH-Element mit eingeklebten Gewindestangen unter 45°

Bei unter 45° geneigten Gewindestangen zeigt sich ein zum Schwerpunkt der Gewindestange punktsymmetrischer Spannungsverlauf mit Querzugspannungen zwischen der Gewindestange und der Schwerlinie des Brettschichtholzelementes. Erklärt werden kann dies durch den Schwindprozess des Holzquerschnittes, der die Gewindestangen aus ihrer geraden Form in eine S-Form zwingt. Im Fall von um 45° geneigten Verstärkungselementen ergeben sich Querzugspannungen in einer Größenordnung von etwa der Hälfte der Querzugspannungen eines vergleichbaren Bauteils, mit senkrecht eingebrachten Verstärkungselementen. Das Ausmaß des hoch querzugbeanspruchten Volumens reduziert sich dabei deutlich (auf etwa 15 %). Für beide Anordnungsvarianten ist eine deutliche gegenseitige Beeinflussung mehrerer nebeneinander angeordneter Verstärkungselemente zu erkennen. Für eine ausführlichere Beschreibung und Auswertung wird auf [1] und [30] verwiesen. Hinsichtlich in realen Bauwerken auftretender Holzfeuchten und Holzfeuchteänderungen wird auf den zugehörigen Beitrag in diesem Tagungsband verwiesen [31].

5 Schlussfolgerung und Empfehlungen für die Praxis

Es liegt auf der Hand, Bauteile gegenüber Beanspruchungen zu verstärken, denen gegenüber der Baustoff Holz geringe Beanspruchbarkeiten sowie spröde Versagensformen aufweist. Stiftförmige Verstärkungselemente in Form von selbstbohrenden Vollgewindeschrauben oder Gewindestangen sind im Hinblick auf die Verstärkung querzugbeanspruchter Bereiche Stand der Technik. In Bezug auf ihren Einsatz als Schubverstärkungen sind erst in den letzten Jahren vermehrt Forschungstätigkeiten feststellbar. Hinsichtlich eines wirtschaftlichen Einsatzes von Verstärkungselementen ist es von Interesse, ob sich im ungerissenen Zustand eine anteilige Abtragung auftretender Beanspruchungen durch die Verstärkungselemente einstellt. Hierzu wird mit der konstruktiven Anisotropie ein analytisches Verfahren zur Berechnung der Wirksamkeit von Schubverstärkungen im ungerissenen Zustand vorgestellt. Ein Vergleich mit experimentellen Untersuchungen anderer Forschungseinrichtungen wie auch mit selbst durchgeführten Untersuchungen, für die

jeweils detaillierte Angaben zu den Eingangsparametern vorlagen, ergab eine gute Übereinstimmung zwischen den Schubsteifigkeiten bzw. Bruchlasten und den analytisch ermittelten Steifigkeiten bzw. Traglasten. Die Erhöhung der Schubbeanspruchbarkeit aus der Interaktion von Querdruck- und Schubspannungen sollte berücksichtigt werden. Ein aus diesem Verfahren für ETAs abgeleitetes, vereinfachtes Nachweisverfahren wird angegeben. Vergleichsrechnungen mittels der konstruktiven Anisotropie unter Ansatz baupraktisch üblicher Querschnittsabmessungen und praktikabler Abstände der Verstärkungselemente bei gleichzeitiger Berücksichtigung möglicher Relaxationserscheinungen zeigen, dass Erhöhungen der Schubbeanspruchbarkeit von 20 % möglich sind. Voruntersuchungen hinsichtlich einer weiteren Erhöhung der Schubbeanspruchbarkeit unter Verwendung von stiftförmigen Verstärkungselementen zeigen, dass sich eine Betrachtung vorgespannter und in Tellerfedern mit degressiver Federkennlinie verankerter Gewindestangen als zielführend erweisen könnte [1]. In Bestandsbauten könnte das obere Ende der Gewindestange in das Holz eingedreht bzw. eingeklebt werden, der verbleibende Teil der Gewindestange bliebe ohne Verbund. Die Verankerung des unteren Teils der Gewindestange in Tellerfedern könnte mittels Muttern geschehen, welche gleichzeitig zum Aufbringen der Vorspannkraft verwendet würden.

Im Sinne einer internen Redundanz des verstärkten Bauteils gegenüber spröden Versagensmechanismen wie Schub oder Querzug bietet es sich an die Verstärkungselemente so zu bemessen, dass sie im Falle eines faserparallelen Bruchs des Holzbauteils die vollständige Trennung der oberen und unteren Trägerhälften verhindern. Für den sich anschließend einstellenden Zustand bietet die Methode der Schubanalogie ein Näherungsverfahren. Diese ist auch für verstärkte Satteldachträger und gekrümmte Träger anwendbar, bei denen die maximalen Biegespannungen außerhalb des Firstbereiches auftreten. Umfangreiche Vergleichsrechnungen an hoch beanspruchten, auf Schub und Querzug verstärkten Trägerformen zeigen, dass sich im Falle eines faserparallelen Durchreißens die Biegespannungen um maximal ein Drittel erhöhen. Unter Ansatz der außergewöhnlichen Bemessungssituation entspricht dies einem rechnerischen Ausnutzungsgrad von maximal 70 %. Aufgrund des resultierenden hohen Niveaus der Fugensteifigkeit hat eine Änderung ebendieser nur einen untergeordneten Einfluss auf die Größe der Biegespannungen. Eine Reduzierung des Abstandes der Verstärkungselemente oder der Einsatz von eingeklebten anstelle von vorgebohrten, eingedrehten Gewindestangen würde im gerissenen Zustand somit zu keiner nennenswerten Verbesserung der Spannungszustände führen. Mit zunehmender Länge der Verstärkungsbereiche ergeben sich deutlich geringere Erhöhungen der Biegespannungen im Versagensfall. Da die Summe des zu übertragenden Schubflusses jedoch nur in geringem Maße zunimmt und sich zudem baupraktische Vorteile in Form größerer Verbindungsmittelabstände ergeben, wird für diesen Bemessungsfall eine Anordnung der Schubverstärkungen über größere Bereiche der Trägerlänge empfohlen.

Im Hinblick auf die Reaktion von Holz gegenüber Feuchtigkeit stellt sich die Frage des Einflusses von stiftförmigen Verstärkungselementen auf die Größe feuchteinduzierter Spannungen aufgrund ihrer Sperrwirkung gegenüber dem freien Schwinden bzw. Quellen des Holzbauteils. Hierzu wurden Tastversuche (Kurzzeitversuche) mit anschließenden Vergleichsrechnungen auf Basis der Finite-Element-Methode durchgeführt. Unter Einbeziehung des Einflusses von Relaxationsvorgängen deutet sich an, dass im Falle senkrecht zur Faser mit Gewindestangen verstärkter Brettschichtholzbauteile bei einem Absinken der Holzfeuchte um 3 – 4 % am Ort der Verstärkungen im Vergleich zur Holzfeuchte beim Einbringen ebendieser, kritische Spannungszustände hinsichtlich feuchteinduzierter Risse auftreten können. Im Falle von um 45° geneigten Verstärkungselementen ergeben sich Querzugspannungen in einer Größenordnung von etwa der Hälfte. Das Ausmaß des hoch querzugbeanspruchten Volumens reduziert sich dabei auf etwa 15 %. Für beide Anordnungsvarianten ist eine deutliche gegenseitige Beeinflussung mehrerer nebeneinander angeordneter Verstärkungselemente zu erkennen. Eine Reduzierung der Abstände der Verstärkungselemente führt demnach zu einer geringeren am Ort der Verstärkung tolerierbaren Reduktion der Holzfeuchte. Die Ergebnisse deuten auch an, dass die Anordnung von stiftförmigen Verstärkungselementen in Querschnittsmitte sinnvoll ist. Jahreszeitliche Schwankungen des Umgebungsklimas haben einen geringen Einfluss auf die Holzfeuchte im Querschnittsinneren. Aufgrund der heterogenen Verteilung der Steifigkeitseigenschaften über die Lamellenbreite werden Spannungen aus äußeren Lasten (z.B. Querzugspannungen) in Querschnittsmitte ihr Maximum erreichen. Zudem wird das Risiko des seitlichen Austretens der Bohrspitze während des Einbringvorgangs durch eine mittige Anordnung reduziert. Ist eine zweireihige Anordnung (z.B. in blockverklebten Querschnitten) notwendig wird, bis weitere Erkenntnisse vorliegen, ein Abstand zu den Trägerseitenflächen von 70 mm empfohlen. Bei verstärkten Brettschichtholzbauteilen umso mehr darauf zu achten, diese mit einer Holzfeuchte herzustellen und einzubauen, die der Gleichgewichtsfeuchte im fertig gestellten Bauwerk entspricht. Hinsichtlich in realen Bauwerken auftretender Holzfeuchten und Holzfeuchteänderungen wird auf den zugehörigen Beitrag in diesem Tagungsband verwiesen [31].

6 Literatur

[1] DIETSCH, P., Einsatz und Berechnung von Schubverstärkungen für Brettschichtholzbauteile, Dissertation, Technische Universität München, 2012.

[2] DIN 1052:2008-12, Entwurf, Berechnung und Bemessung von Holzbauwerken. Allgemeine Bemessungsregeln und Bemessungsregeln für den Hochbau, Deutsches Institut für Normung, Berlin, 2008.

[3] DIN EN 1995-1-1/NA:2013-08 - Nationaler Anhang − National festgelegte Parameter - Eurocode 5: Bemessung und Konstruktion von Holzbauten - Teil 1-1: Allgemeines − Allgemeine Regeln und Regeln für den Hochbau, Deutsches Institut für Normung, Berlin, 2013.

[4] BLAß, H.-J., KRÜGER, O., Schubverstärkung von Holz mit Holzschrauben und Gewindestangen, Karlsruher Berichte zum Ingenieurholzbau, Band 15, Universitätsverlag Karlsruhe, 2010.

[5] TRAUTZ, M., KOJ, C., Mit Schrauben Bewehren − Neue Ergebnisse, Bautechnik, Band 86, Ausgabe 4, 2009, S. 228-238.

[6] DIETSCH, P., MESTEK, P., WINTER, S., Analytischer Ansatz zur Erfassung von Tragfähigkeitssteigerungen infolge von Schubverstärkungen in Bauteilen aus Brettschichtholz und Brettsperrholz, Bautechnik, Band 89, Ausgabe 6, 2012, S. 402-414.

[7] LISCHKE, N., Zur Anisotropie von Verbundwerkstoffen am Beispiel von Brettlagenholz, Fortschritts-Bericht VDI, Reihe 5, Nr. 98, VDI-Verlag, Düsseldorf, 1985.

[8] KLÖPPEL, K., SCHARDT, R., Systematische Ableitung der Differentialgleichungen für ebene anisotrope Flächentragwerke, Stahlbau, Band 29, Ausgabe 2, 1960, S. 33-43.

[9] LEKHNITSKII, S., G., Anisotropic Plates (übersetzt aus dem Russischen von Tsai, S.,W., Cheron, T.,G.), Gordon and Breach Science Publishers, New York London Paris, 1968.

[10] BOSL, R., Zum Nachweis des Trag- und Verformungsverhaltens von Wandscheiben aus Brettlagenholz, Dissertation, Universität der Bundeswehr, München, 2002.

[12] SPENGLER, R., Festigkeitsverhalten von Brettschichtholz unter zweiachsiger Beanspruchung, Teil 1 - Ermittlung des Festigkeitsverhaltens von Brettelementen aus Fichte durch Versuche, Berichte zur Zuverlässigkeitstheorie der Bauwerke, Heft 62, Laboratorium für den konstruktiven Ingenieurbau der TU München, 1982.

[13] HEMMER, K., Versagensarten des Holzes der Weißtanne (Abies Alba) unter mehrachsiger Beanspruchung, Dissertation, TH Karlsruhe, 1984.

[14] STEIGER, R.; GEHRI, E., Interaction of shear stresses and stresses perpendicular to the grain, International Council for Research and Innovation in Building and Construction - Working Commission W18 - Timber Structure (CIB-W18), Paper 44-6-2, Alghero, Italy, 2011.

[15] BLAß, H.J., BEJTKA, I., UIBEL, T., Tragfähigkeit von Verbindungen mit selbstbohrenden Holzschrauben mit Vollgewinde, Karlsruher Berichte zum Ingenieurholzbau, Band 4, Universitätsverlag Karlsruhe, 2006.

[16] MESTEK, P., Punktgestützte Flächentragwerke aus Brettsperrholz (BSP) - Schubbemessung unter Berücksichtigung von Schubverstärkungen, Dissertation, Technische Universität München, 2011.

[17] DIN EN 408:2004, Holzbauwerke - Bauholz für tragende Zwecke und Brettschichtholz - Bestimmung einiger physikalischer und mechanischer Eigenschaften, Deutsches Institut für Normung, Berlin, 2004.

[18] abZ. Nr. Z-9.1-519 vom 07. Mai 2007, SPAX-S Schrauben mit Vollgewinde als Holzverbindungsmittel - ABC Verbindungstechnik GmbH & Co. KG, Ennepetal, Deutsches Institut für Bautechnik, Berlin, 2007.

[19] MESTEK, P., WINTER, S., Konzentrierte Lasteinleitung in Brettsperrholzkonstruktionen – Verstärkungsmaßnahmen, Schlussbericht zum AiF-Forschungsvorhaben Nr. 15892, Lehrstuhl für Holzbau und Baukonstruktion, Technische Universität München 2011.

[20] DIVOS, F., TANAKA, T., NAGAO, H., KATO, H., Determination of shear modulus on construction size timber, Wood Science and Technology, Vol. 32, No. 6, 1998, S. 393-402.

[21] abZ. Nr. Z-9.1-777 vom 30. November 2010, Gewindestangen mit Holzgewinde als Holzverbindungsmittel – SFS Intec GmbH, Oberursel, Deutsches Institut für Bautechnik, Berlin, 2010.

[22] DIN EN 14080:2013-09, Holzbauwerke - Brettschichtholz und Balkenschichtholz – Anforderungen, DIN, Berlin, 2013.

[23] ETA-12/0114 vom 5.9.2012, Self-tapping screws for use in timber structures, SPAX International GmbH & Co. KG, Ennepetal, ETA-Danmark A/S, Charlottenlund, 2012.

[24] ETA-11/0190 vom 27.6.2013, Selbstbohrende Schrauben als Holzverbindungsmittel, Adolf Würth GmbH & Co. KG, Künzelsau, DIBt, Berlin, 2013.

[25] DIETSCH, P., Robustness of large-span timber roof structures - Structural aspects, Engineering Structures, Vol. 33, No. 11, 2011, S. 3106–3112.

[26] KREUZINGER, H., Platten, Scheiben und Schalen – ein Berechnungsmodell für gängige Statikprogramme, Bauen mit Holz, Band 101, Ausgabe 1, 1999, S. 34-39.

[27] KREUZINGER, H., Verbundkonstruktionen, in: Holzbaukalender 2002, Bruderverlag, Karlsruhe, 2001, S. 598-621.

[28] DANZER, M., Verstärkte BSH-Träger veränderlichen Querschnitts – Berechnungsmöglichkeiten und Spannungszustände im gerissenen Zustand, Masterarbeit (Betreuer: Dietsch, P.), Lehrstuhl für Holzbau und Baukonstruktion, Technische Universität München 2010.

[29] BLUMER, H., Spannungsberechnungen an anisotropen Kreisbogenscheiben und Sattelträgern konstanter Dicke, Lehrstuhl für Ingenieurholzbau und Baukonstruktionen, Universität Karlsruhe, 1972/1979.

[30] DIETSCH, P., KREUZINGER, H., WINTER, S., Effects of changes in moisture content in glulam beams, Proceedings of the World Conference on Timber Engineering WCTE 2014, Quebec/Canada, 2014.

[31] GAMPER, A., DIETSCH, P., MERK, M., WINTER, S., Gebäudeklima - Auswirkungen auf Konstruktion und Dauerhaftigkeit von Holzbauwerken, Tagungsband Ingenieurholzbau - Karlsruher Tage, 2014.

7 Danksagung

Dieser Beitrag basiert auf den Ergebnissen meiner Dissertation. Mein besonderer Dank gilt Herrn Univ.-Prof. Dr.-Ing. Heinrich Kreuzinger für die wohlwollende Förderung und wissenschaftliche Betreuung meiner Dissertation und den damit verbundenen wertvollen Anregungen und Denkanstößen. Herzlich danken möchte ich zudem den Herren Univ.-Prof. Dr.-Ing. Stefan Winter und Univ.-Prof. Dr.-Ing. Hans-Joachim Blaß für die hilfreiche und stets konstruktive Begleitung meiner Promotion und nicht zuletzt für die Übernahme der Koreferate.

8 Autor

Dr.-Ing. Philipp Dietsch

Lehrstuhl für Holzbau und Baukonstruktion
Technische Universität München
Arcisstr. 21,
D-80333 München

Kontakt:
dietsch@tum.de

Eine unkonventionelle Methode zur Sanierung schadhafter Brettschichtholzträger

Ireneusz Bejtka

Zusammenfassung

In einer etwa 17.500 m^2 großen Dachkonstruktion kam es zu einem Teileinsturz durch den Bruch eines Brettschichtholzträgers. Bei den nachfolgenden Untersuchungen wurde festgestellt, dass in fast allen Brettschichtholzträgern nahezu alle Klebefugen schadhaft waren. Die gesamte hölzerne Dachkonstruktion wurde daher als nicht ausreichend standsicher beurteilt. Zur Wiederherstellung der Tragfähigkeit der BSH-Träger wurde ein Sanierungskonzept ausgearbeitet, welches vorsieht, dass die schadhaften BSH-Träger ohne Einschränkung der Gebäudenutzung ertüchtigt werden können. Zur Verifizierung der getroffenen Annahmen und der durchgeführten Berechnungen wurden Traglastversuche mit in Originalgröße nachgebauten verstärkten und unverstärkten Prüfkörpern durchgeführt.

1 Einleitung

1.1 Brettschichtholz

Bauteile aus Brettschichtholz zeichnen sich durch zahlreiche Vorteile aus. Brettschichtholz kann in nahezu beliebigen Abmessungen und Formen hergestellt werden. Einschränkungen bei den Abmessungen von Brettschichtholz bestehen lediglich in der Größe der Produktionsstätten und in der Möglichkeit des Transportes von der Produktionsstätte bis hin zum Einbauort. Im Vergleich zu Bauteilen aus Stahl oder Stahlbeton sind Bauteile aus Brettschichtholz leichter bei ähnlichen Tragfähigkeiten. Dies führt dazu, dass Konstruktionen aus Brettschichtholz oft schneller und preiswerter erstellt werden können, als Bauwerke aus Stahl oder Stahlbeton.

Auf der anderen Seite ist die Anfälligkeit des Brettschichtholzes gegenüber Schäden groß, wenn bei der Herstellung des Brettschichtholzes und bei der Planung, Ausführung und Nutzung von Gebäuden mit Brettschichtholz Fehler gemacht werden.

Bauteile aus Brettschichtholz müssen mit höchster Sorgfalt hergestellt werden. Hierfür müssen die Bretter sorgfältig ausgesucht (sortiert), getrocknet, gehobelt und miteinander verklebt werden. Während der Lagerung bis hin zum Einbau sowie während der Nutzung sollte Brettschichtholz keinen extreme Feuchte- und/oder Temperaturschwankungen ausgesetzt werden. Nicht selten werden Brettschichtholzträger fehlerfrei produziert und auf die Baustelle ausgeliefert, wo sie dann z.B. infolge der oft fehlenden Abstimmung zwischen dem Hersteller oder Lieferanten und der ausführenden Firma tage- oder wochenlang bis zum Einbau im Freien gelagert und nicht selten der direkten Bewitterung ausgesetzt, nass werden. Durch die zu schnelle Auffeuchtung quillt die Oberfläche des Holzes auf, während das Innere des Holzes trocken bleibt. In der Folge entstehen im Inneren der Träger Querzugspannungen, die zum Aufreißen der Träger im Inneren führen können. Dieser von außen nicht sichtbare Schaden ist gravierend, da selbst beim Austrocknen der Träger der ursprüngliche Zustand und somit die Tragfähigkeit nicht wiederhergestellt werden können. Da derartige Risse von außen nicht sichtbar

sind und daher nicht erkannt werden, besteht die Gefahr, dass bereits schadhafte und nicht ausreichend tragfähige Träger eingebaut werden.

Doch auch bei der Planung von Bauwerken mit Bauteilen aus Brettschichtholz sowie während der Nutzung dieser Bauwerke sollte beachtet werden, dass Brettschichtholz keinen extremen Feuchte- und/oder Temperaturschwankungen ausgesetzt wird. Extreme Feuchte- und Temperaturschwankungen begünstigen die Entstehung von Rissen, insbesondere wenn das Schwinden und Quellen durch natürliche, klimabedingte Schwankungen der Umgebungsfeuchte aufgrund einer mangelhaften Planung behindert wird. Werden Schwinden und Quellen z.B. im Bereich von Anschlüssen und Verbindungen behindert, entstehen Spannungen, welche vom Holz nicht aufgenommen werden können und zwangsläufig zu Rissen führen. Auch diese Risse sind nicht reversibel, d.h. die ursprüngliche Tragfähigkeit kann auch nach dem Entlasten der Träger nicht hergestellt werden.

Es sind jedoch nicht immer die klimatischen Schwankungen, die bei Brettschichtholz zu Schäden führen. Fehlendes Fachwissen bei der Planung, wie z.B. der Umgang mit Holz bei Beanspruchung durch Zugkräfte rechtwinklig zur Faser, führt ebenfalls oft zu Schäden. Das Brettschichtholz, wie auch Holz im Allgemeinen, weist eine sehr kleine Querzugfestigkeit auf. Selbst bei sehr kleinen Querzugkräften neigt Holz zum Spalten, falls entweder die Krafteinleitungsstellen ungünstig angeordnet werden oder auf Querzugverstärkungen verzichtet wird. Diese planmäßige Beanspruchung rechtwinklig zur Holzfaser kann ebenfalls zu irreversiblen Rissen und dem Verlust der Tragfähigkeit führen.

Die vorgenannten Mängel führen nicht zwangsläufig dazu, dass Bauteile ausgetauscht werden müssen. Werden die vorgenannten Schäden rechtzeitig erkannt, können selbst stark beschädigte Bauteile aus Brettschichtholz saniert und ertüchtigt werden.

1.2 Bekannte Sanierungs- und Ertüchtigungsmethoden

Risse in den Klebefugen oder Schwindrisse können selbst bis zu einer Rissbreite von 6 mm unabhängig von der Risslänge saniert werden. Hierfür eignen sich die beiden allgemein bauaufsichtlich zugelassenen Klebstoffe WEVO Spezialharz EP20VP/1 (abZ. Z-9.1-750) und EP32S (abZ. Z-9.1-794), die unter Druck in die gerissenen Fugen eingepresst werden. Bei sorgfältiger Verarbeitung und bei Beachtung der Herstellerhinweise kann die ursprüngliche Tragfähigkeit gerissener und sanierter Brettschichtholzträger wieder hergestellt werden [3].

Bereiche, welche infolge lokaler Querzugspannungen gerissen sind, können mit eingeklebten Gewindestangen oder mit eingedrehten Vollgewindeschrauben ertüchtigt werden. Größere Schädigungen, z.B. verursacht durch eine mangelhafte Verklebung der einzelnen Brettlamellen, werden mit seitlich aufgeklebten Holzwerkstoffplatten behoben. Damit wird die Übertragung der Kräfte zwischen den einzelnen Brettlamellen wieder hergestellt.

Die Erhöhung der Biegetragfähigkeit kann in der Regel nur durch Vergrößerung des Querschnittes z.B. durch das Aufkleben oder Aufschrauben zusätzlicher Trägerteile erreicht werden.

Welche der oben genannten Sanierungs- und Ertüchtigungsmethoden geeignet ist, hängt von der Art der Schädigung und von den Randbedingungen vor Ort ab. So kann nicht immer eine Verklebung zur Anwendung kommen, wenn z.B. die klimatischen Verhältnisse dies nicht zulassen oder wenn der laufende Betrieb das für die Verklebung erforderliche Abschleifen der Holzoberflächen aufgrund der Staubbildung nicht zulässt.

2 Fallbeispiel

2.1 Konstruktion und Problemstellung

Bei einer 1977 errichteten hölzernen Dachkonstruktion kam es 2011 zu einem Teileinsturz durch Bruch eines 20 m langen Brettschichtholzträgers. Die betroffene Dachkonstruktion weist eine Teilgrundfläche von etwa 17.500 m^2 bei einer maximalen Länge von etwa 220 m und bei einer maximalen Breite von etwa 87 m auf.

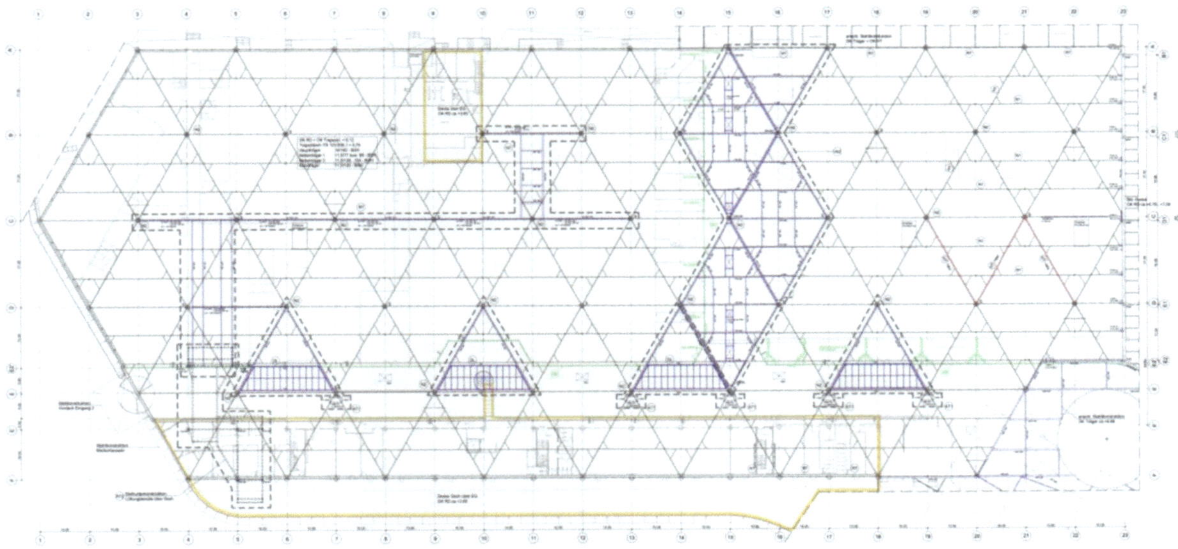

Abb. 1   Grundriss des betroffenen Daches

Die Dachkonstruktion besteht aus etwa einhundert 20 m langen Hauptträgern (HT) aus Brettschichtholz, welche als Einfeldträger die Lasten in die darunter liegenden Stahlbetonstützen weiterleiten. Im Grundriss sind diese 20 m langen Hauptträger mit einem Querschnitt von b x h = 140 x 1400 mm rautenförmig angeordnet. Weitere 130 Nebenträger wurden parallel zur Hauptrichtung des Gebäudes verlegt. Die 20 m langen Nebenträger (NT1) mit Ausklinkungen im Bereich ihrer Auflagerungen wurden in den Drittelspunkten der Hauptträger auf diesen verlegt. Im Bereich zwischen den Abstützungen beträgt der Querschnitt der Nebenträger (NT1) b x h = 115 x 770 mm, teilweise auch b x h = 115 x 680 mm. An den Kragarmen weisen die Nebenträger (NT1) einen Querschnitt von b x h = 115 x 460 mm auf. Die längsten Brettschichtholzträger stellen die 30 Nebenträger (NT2) mit einer Länge von 40 m dar. Diese 40 m langen Träger wurden als Zweifeldträger parallel zur Hallenlängsrichtung verlegt. Die Breite der Nebenträger (NT2) beträgt 115 mm. Im Voutenbereich am mittleren Auflager beträgt die maximale Höhe der Nebenträger (NT2) h = 1360 mm. Außerhalb des Voutenbereiches weisen die Nebenträger eine Höhe von h = 1040 mm auf.

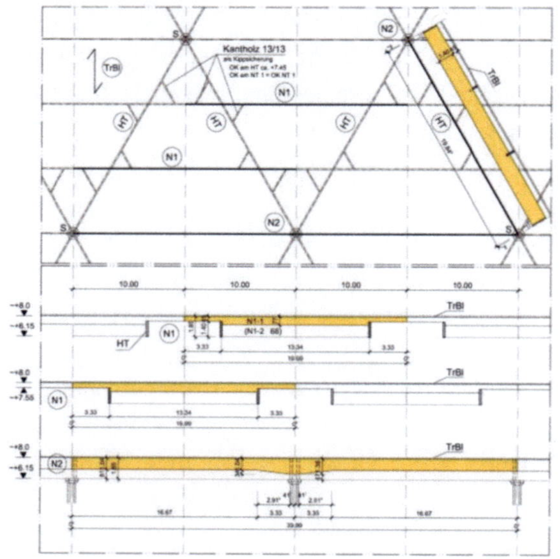

Abb. 2   Regeldetail der Dachkonstruktion

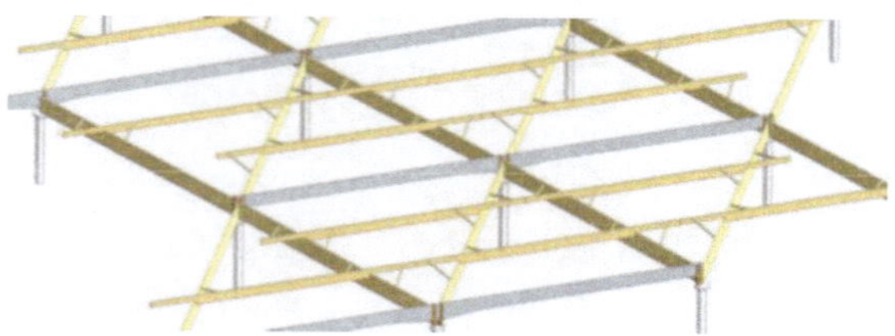

Abb. 3   Räumliche Darstellung des Tragwerks

Die Stahltrapezprofile der Dacheindeckung wurden rechtwinklig zu den Nebenträgern stets über drei Felder und zwischen den als Zweifeldträgern ausgebildeten Nebenträgern (NT2) verlegt. Zwischen den

Haupt- und Nebenträgern wurden Hölzer zur Aussteifung der Brettschichtholzträger angeordnet.

Das Ingenieurbüro für Baukonstruktionen Blaß & Eberhart GmbH wurde Ende 2012 von der Planungsgruppe Bauen U. Gerstner GmbH mit der Erstellung eines Sanierungskonzeptes für die hölzerne Dachkonstruktion beauftragt. Unmittelbar nach dem Teileinsturz im Jahre 2011, als in den Sommermonaten ein Hauptträger gebrochen war, wurde nach den Ursachen des Einsturzes gesucht. Das Klima in dem Gebäude entspricht einem Umgebungsklima, welches in die Nutzungsklasse 1 eingestuft werden kann. Auch ist nicht bekannt, dass die Konstruktion seit der Nutzung im Jahre 1977 etwaigen klimatischen Wechselbeanspruchungen ausgesetzt war. Überbeanspruchung der Konstruktion durch Schnee unmittelbar vor dem Einsturz konnte ebenfalls ausgeschlossen werden. Bei vorausgegangenen Begehungen konnten auch keine Risse oder sonstige Beschädigungen in den Brettschichtholzträgern festgestellt werden. Eine mögliche Wassersackbildung auf dem Flachdach könnte letztendlich den Teileinsturz initiiert haben, ursächlich hierfür war jedoch die mangelhafte Tragfähigkeit der Brettschichtholzträger.

Gemäß der Stellungnahme eines beauftragten Gutachters wurden bereits nach dem Teileinsturz die wenigen sichtbaren Oberflächenrisse mit Hilfe von WEVO-Spezialharz verpresst. Der gebrochene Brettschichtholzträger und die benachbarten vom Bruch betroffenen Bauteile wurden ausgetauscht. Bei den restlichen Trägern wurden in den Klebefugen Bohrkerne entnommen und hinsichtlich der Scherfestigkeit geprüft. Bei den meisten Bohrkernen konnten die normativ geforderten Werte der Scherfestigkeit nicht erreicht werden. Dies gab dem Gutachter Anlass, weitere Bohrkerne zu entnehmen und prüfen zu lassen. Die Bohrkerne wurden im Bereich von Fugen entnommen, die sich nicht geöffnet hatten. Von den 46 entnommenen Bohrkernen waren bereits 12 teilweise bzw. fast vollständig gerissen. Bei 8 weiteren Bohrkernen wurden die normativ geforderten Scherfestigkeiten nicht erreicht. Die Ausfallquote lag damit bei etwa 44%. Bei den 4 geprüften Bohrkernen aus den Nebenträgern erreichten 3 Bohrkerne die normativ geforderte Scherfestigkeit nicht.

Weiterhin stellte der Gutachter fest, dass zahlreiche Brettschichtholzträger Wasserflecke aufweisen. Da an den Oberflächen nahezu keine Schwindrisse vorgefunden wurden, begründete der Gutachter die schlechten Ergebnisse der Scherprüfung mit einer möglichen Rissbildung ausgehend vom Inneren der Träger. Offensichtlich waren die Brettschichtholzträger in der Vergangenheit nass. Bei einer derartig großen Dachkonstruktion ist es nicht ungewöhnlich, dass die Brettschichtholzträger zunächst montiert wurden und das Dach erst zu einem späteren Zeitpunkt gedeckt wurde. In diesem Zeitfenster wären die Brettschichtholzträger der direkten Bewitterung ausgesetzt gewesen. Zusätzlich könnten die Brettschichtholzträger nach dem Anbringen der Gebäudehülle die aus dem frischen Beton und Estrich austretende Feuchtigkeit aufgenommen haben. Bei einer zu schnellen Aufnahme der Feuchtigkeit quillt das Brettschichtholz an den Außenflächen auf, wird jedoch durch die trockenen Bereiche im Inneren behindert. Dies führt in den Innenbereichen zu Zugkräften rechtwinklig zur Holzfaser und wegen der geringen Querzugfestigkeit des Holzes zum Aufreißen des Querschnittes im Inneren. Wird die umgebende Feuchtigkeit reduziert, schwindet der Träger, der Riss im Inneren bleibt. Erst wenn die Holzfeuchte noch geringer wird als im Zustand der Herstellung, könnte dies zum Schwinden und zu Rissen in den Außenflächen führen.

Die inneren Risse sind als sehr tückisch anzusehen, da es gegenwärtig kein anerkanntes Verfahren gibt, wie man derartige Risse erkennen kann. Werden derartige Risse z.B. durch die Entnahme von Bohrkernen vorgefunden bzw. vermutet, müssen streng genommen alle Fugen als gerissen angenommen werden. Die vom Gutachter vorgefundenen Wasserflecke, die mangelhaften Ergebnisse der Scherproben der Bohrkernen, welche aus anscheinend ungestörten Fugen entnommen wurden, gaben Anlass, alle Brettschichtholzträger als nicht ausreichend tragfähig einzustufen. Angesichts der Vielzahl im Inneren aufgegangener Risse im Bereich der Leimfugen und angesichts der Unmöglichkeit, diese Risse zu erkennen und zu sanieren, konnte seitens des Gutachters kein Vorschlag zur Sanierung der Träger unterbreitet werden. Zu diesem Zeitpunkt wurden die Träger temporär unterstützt, so dass das Gebäude weiterhin genutzt werden konnte.

Eine Verpressung der Klebstofffugen war bei diesem Schadensbild nicht möglich. Als weitere Erschwernis bei der Erstellung eines Sanierungskonzeptes kam hinzu, dass während der Sanierung der Träger die Nutzung des Gebäudes nicht eingeschränkt werden durfte. Auch war nicht erwünscht, Teilbereiche zu sperren bzw. temporär auszulagern. Somit war eine Sanierung durch das Aufkleben von Holzwerkstoffplatten wegen der Lärm- und Staubbildung nicht durchführbar. Ein Austausch der Dachkonstruktion war aus Kostengründen ebenfalls nicht gewünscht.

Wie sonst bei der Erstellung von Sanierungskonzepten üblich, wurde die gesamte Dachkonstruktion unter Beachtung aktueller Normen nachgerechnet. Selbst unter der Annahme intakter Brettschichtholzträger sind die Träger in folgenden Punkten rechnerisch überbeansprucht:

Hauptträger: Im Gegensatz zu den Nebenträgern sind die Hauptträger nicht mit der Dacheindeckung verbunden. Die seitlichen Abstützungen sind durch die Nebenträger und eventuell durch die wechselseitig angeordneten Diagonalen gegeben. Im Falle intakter Diagonalen kann die wirksame Knicklänge zu 3 m angenommen werden. In diesem Fall berechnet sich die Ausnutzung beim Stabilitätsnachweis zu 117%. Da die wechselseitig angeschlossenen Diagonalen rechnerisch keine Zugkräfte aufnehmen können, muss die rechnerische Knicklänge als Abstand zwischen den Auflagerungen der Nebenträger zu etwa 6,67 m angenommen werden. Die Ausnutzung beim Stabilitätsnachweis berechnet sich für diesen Fall zu 171%. Die rechnerische Ausnutzung der Biegespannung beträgt 110%.

Nebenträger NT1: Die Nebenträger sind mit der Dacheindeckung verbunden und daher als nicht kippgefährdet anzusehen. Die Ausnutzung beim Nachweis der Biegespannung im Feld beträgt dennoch 105% bei einer Höhe von 770 mm und 134% bei einer Höhe von 680 mm.

Nebenträger NT2: Mit einer Ausnahme an der Voute, sind die Tragfähigkeitsnachweise eingehalten. Im Bereich der Voute beträgt die rechnerische Ausnutzung der Biegespannung am angeschnittenen Rand 107%.

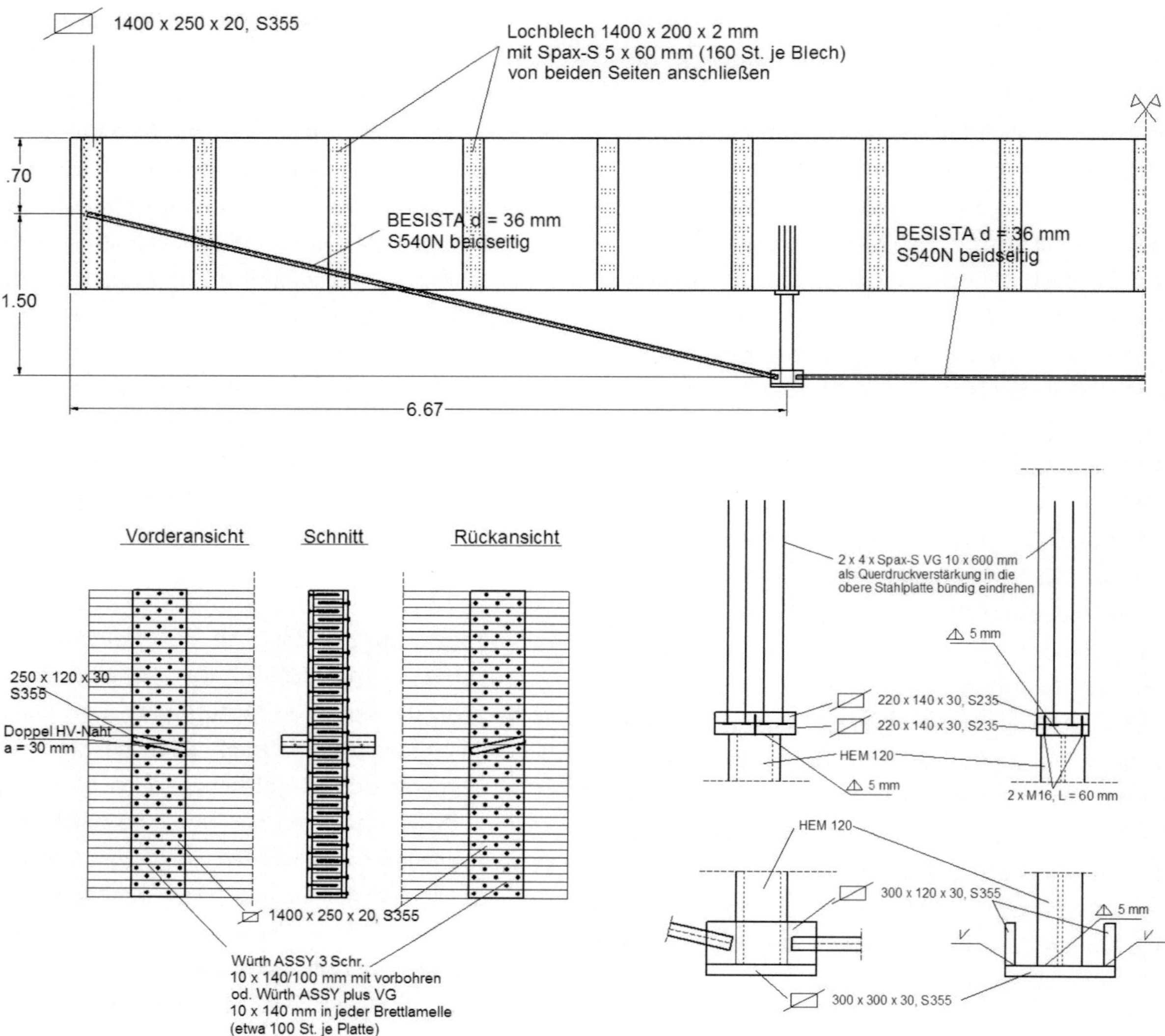

Abb. 4   Ertüchtigung der Hauptträger

Weil die gerissenen Träger auch im „intakten" Zustand rechnerisch nicht ausreichend tragfähig sind, galt es, diese nicht nur zu sanieren, sondern auch zu ertüchtigen, d.h. die ursprüngliche Tragfähigkeit der Brettschichtholzträger wieder herzustellen und zudem die Träger auf die Erfordernisse der heutigen Normen zu bringen.

2.2 Sanierungsvorschlag für die Hauptträger

Wie bereits erwähnt, sind die Hauptträger selbst unter der Annahme einer intakten Verklebung der einzelnen Brettlamellen nicht ausreichend tragfähig. Der Stabilitätsnachweis und sogar der Nachweis der Biegetragfähigkeit sind nicht eingehalten. Die Biege-

tragfähigkeit kann in der Regel nur durch Vergrößerung des Querschnittes, insbesondere der Querschnittshöhe erhöht werden. In dem vorliegenden Fall wäre eine derartige Ertüchtigung unwirtschaftlich, weil ein relativ großer Querschnitt von unten angeschlossen werden müsste. Darüber hinaus müsste auch der Schubverbund zwischen den Fugen wieder hergestellt werden. Aus diesem Grund wurde für die Hauptträger eine Ertüchtigungsmaßnahme vorgeschlagen, welche für einen Einfeldträger mit einer Belastung durch zwei Einzellasten wie geschaffen erscheint. Hierbei sollte der Hauptträger mit Zugstangen aus Stahl unterspannt werden. Die beiden Einzellasten können dabei direkt durch den Hauptträger durchgeleitet und von der Unterspannung aufgenommen werden. Die Zugstangen sind dabei so anzuordnen, dass der Hauptträger nur durch Druckkräfte beansprucht wird. Dies ist auch gewährleistet, wenn kein Verbund in den Fugen vorhanden ist und demzufolge die Biegesteifigkeit des Hauptträgers sehr klein ist. Eine Ertüchtigung der Fugen wäre somit nicht erforderlich. Die Zugkraft aus den Diagonalen der Unterspannung ist jedoch als Druckkraft in den Hauptträger über alle Brettlamellen einzuleiten.

Die Höhe der Unterspannung wurde an die vorhandene lichte Höhe zwischen der Oberkante der abgehängten Decke und der Unterkante der Brettschichtholzträger angepasst. Die einzelnen Elemente wurden so dimensioniert, dass diese mit ihrem geringen Gewicht auch ohne einen Kran zu den schadhaften Brettschichtholzträgern transportiert werden könnten.

Unter der Annahme einer fehlenden Verklebung zwischen den Brettlamellen musste auch gewährleistet werden, dass die lose übereinander liegenden Brettlamellen bei der Übertragung der Druckkräfte nicht ausknicken. Hierfür werden in einem Abstand von 1,25 m Lochbleche mit einer Dicke von 2 mm seitlich auf die Hauptträger aufgeschraubt. Unter der Annahme eines fehlenden Verbundes zwischen den Brettlamellen wurde der Biegestab nun zu einem nachgiebig verbundenen Druckstab. Für dieses System wurden alle Tragfähigkeitsnachweise geführt.

Überdies wurde auch untersucht, ob der tief liegende Zuggurt zum seitlichen Ausweichen neigt. Ein Kippen des Zuggurtes tritt auf, wenn die Unterspannung zu tief angeordnet und zudem die Spreizpfosten biegeweich angeschlossen werden. Der Anschluss der Spreizpfosten erfolgte daher biegesteif. Die Stabilitätsnachweise für den Zuggurt wurden nach [5] geführt.

Eine in allen Klebefugen mangelhafte, gar fehlende Verklebung kann mit Sicherheit so nicht angenommen werden. Sicherlich weisen die Klebefugen, selbst wenn diese gemäß dem vorliegenden Gutachten als vollständig gerissen eingestuft wurden, eine Resttragfähigkeit auf. Anderenfalls wären alle Hauptträger unter dem Gewicht des Daches bereits

gebrochen. Aus diesem Grund war es auch erforderlich, das gewählte Ertüchtigungskonzept für den Fall intakter Klebefugen zu untersuchen. In diesem Fall der „vollen" Biegesteifigkeit wird der unterspannte Hauptträger durch Drucknormalkräfte, Querkräfte und durch Biegemomente beansprucht. Die Zugkräfte in der Unterspannung sind geringer als für den Fall eines biegeweichen Trägers ohne Verbund in den Klebefugen. Da die Unterspannung für einen biegeweichen Träger dimensioniert wurde, war sie folglich auch für den Fall eines biegesteifen Hauptträgers ausreichend tragfähig.

Die Tragfähigkeitsnachweise für den unterspannten Träger unter der Annahme der vollen Biegesteifigkeit wurden geführt und eingehalten. Die Ertüchtigungsmaßnahme wurde somit für den Fall einer mangelhaften bzw. fehlenden Verklebung zwischen den Brettlamellen und für den Fall einer intakten Verklebung der Brettlamellen statisch nachgewiesen und deckt damit die beiden Grenzszenarien ab. Sollte nach der Ertüchtigung die noch vorhandene Scherfestigkeit der Klebefugen größer sein, als die maximale Schubspannung, bleiben die Fugen intakt. Kann die Querkraft im Brettschichtholzträger von den Klebefugen jedoch nicht mehr aufgenommen werden, treten einer oder mehrere Risse auf. Der Träger wird weicher, kann sich jedoch in die Unterspannung einhängen. Ein Einsturz wird folglich verhindert.

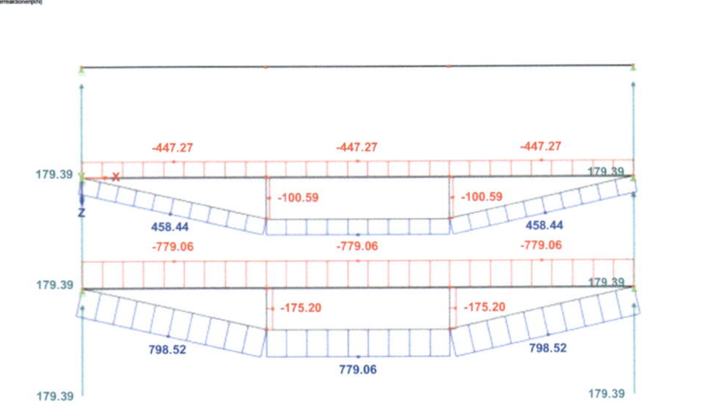

Abb. 5   *Normalkraftverlauf für den Hauptträger (Oben: nicht ertüchtigt. Mitte: ertüchtigt mit intakter Verklebung. Unten: ertüchtigt ohne Verklebung)*

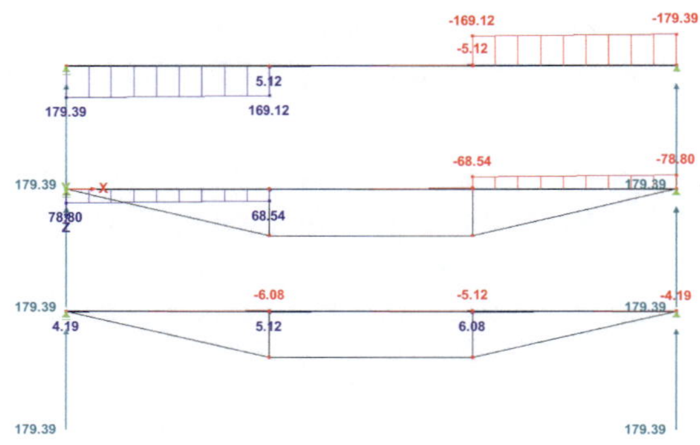

*Abb. 6   Querkraftverlauf für den Hauptträger
(Oben: nicht ertüchtigt. Mitte: ertüchtigt
mit intakter Verklebung. Unten: ertüchtigt
ohne Verklebung)*

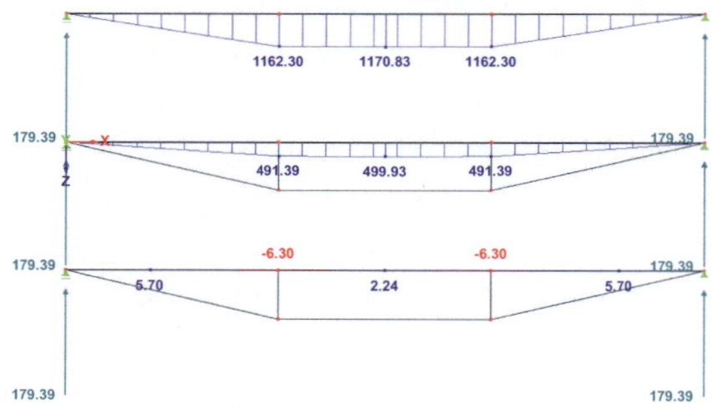

*Abb. 7   Biegemomentverlauf für den Hauptträger
(Oben: nicht ertüchtigt. Mitte: ertüchtigt
mit intakter Verklebung. Unten: ertüchtigt
ohne Verklebung)*

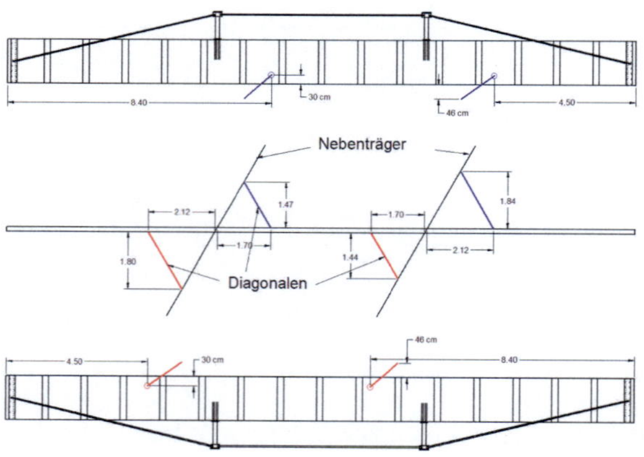

Abb. 8   Anordnung der Aussteifungsdiagonalen

Bedingt durch die große Schlankheit und durch den fehlenden Verbund mit der aussteifenden Dacheindeckung neigen die Hauptträger zum seitlichen

Ausweichen (Kippen, Knicken). Ursprünglich als Biegeträger ausgebildet, wurden die seitlichen Abstützungen (Diagonalen) richtigerweise in dem Druckgurt angeordnet. Für den unterspannten Hauptträger müssen jedoch zwei Szenarien betrachtet werden. Die Aussteifung muss für den Fall einer fehlenden und für den Fall einer intakten Verklebung zwischen den Brettlamellen untersucht werden. Im ersten Fall werden die Hauptträger lediglich durch Drucknormalkräfte und im zweiten Fall durch Biegemomente und Drucknormalkräfte beansprucht. Bei Beanspruchung durch Drucknormalkräfte entspricht die Höhe des Druckgurtes der Trägerhöhe. Sinngemäß müssten die Aussteifungshölzer vorzugsweise in Querschnittsmitte angeschlossen werden. Bei Beanspruchung durch Normalkräfte und Biegemomente ist die Höhe des Druckgurtes geringer als die Höhe des Trägers. Der Anschluss der Aussteifung erfolgt sinngemäß im oberen Bereich des Querschnittes. Eine weitere Schwierigkeit stellten die aussteifenden Diagonalen dar, die nicht rechtwinklig zur Oberfläche, sondern unter 60° zur Trägeroberfläche angeschlossen sind. Wegen der vorgenannten erschwerenden Gründe wurde das Stabilitätsproblem mit Hilfe des Finite-Elemente Programms ANSYS untersucht.

Die Finite-Elemente-Berechnungen wurden bis 200% der Bemessungslast durchgeführt. Als Vorverformung wurde ein sinusförmiger Verlauf zugrunde gelegt, wobei die Hauptträger in den Drittelspunkten, d.h. an den Auflagerungen der Nebenträger festgehalten wurden. In den Bereichen zwischen diesen Festhalterungen wurden die Hauptträger seitlich um L/400 = 17 mm ausgelenkt. Anschließend wurden die Aussteifungsdiagonalen angebracht, das System belastet und berechnet. Ermittelt wurden u.a. die maximale seitliche Auslenkung der Träger, die horizontalen Kräfte in den Auflagerungen der Nebenträger und die horizontalen Kräfte in den Diagonalen. Untersucht wurde der unterspannte biegeweiche Hauptträger, welcher lediglich durch Drucknormalkräfte beansprucht wird und der unterspannte biegesteife Hauptträger, welcher durch Drucknormalkräfte und Biegemomente beansprucht wird. Ferner wurden die maximalen Spannungen berechnet und den Materialfestigkeiten gegenübergestellt.

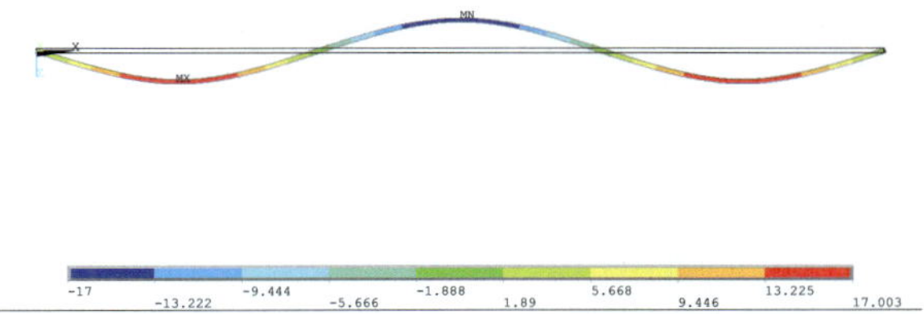

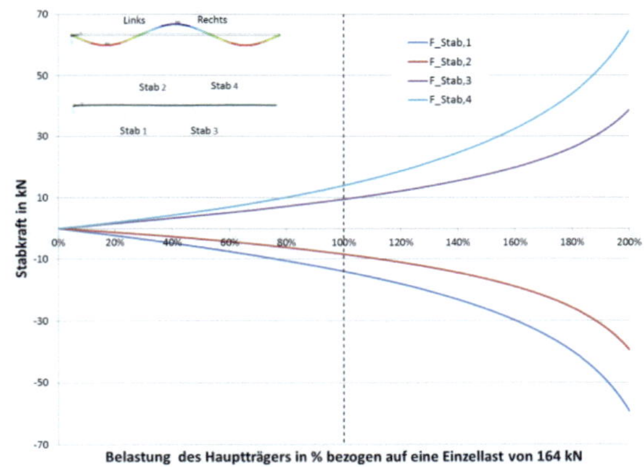

Abb. 9 Aufgebrachte sinusförmige Vorverformung

Die maximale zusätzliche seitliche Auslenkung eines unterspannten Hauptträgers ohne Verbund zwischen den Brettlamellen sowie die Kräfte, die auf die aussteifenden Diagonalen wirken, sind in Abhängigkeit von der Belastung in den nachfolgenden Diagrammen zusammengestellt. Erst ab einer Belastung von etwa 180% der Bemessungslast nimmt die Auslenkung überproportional zu. Das System neigt dazu, instabil zu werden.

Die maximale zusätzliche seitliche Auslenkung eines unterspannten Hauptträgers mit intaktem Verbund zwischen den Brettlamellen sowie die Kräfte, die auf die aussteifenden Diagonalen wirken, sind in Abhängigkeit von der Belastung in den nachfolgenden Diagrammen zusammengestellt.

Abb. 11 Kräfte in den Diagonalen für einen unterspannten Hauptträger ohne Verklebung in den Fugen

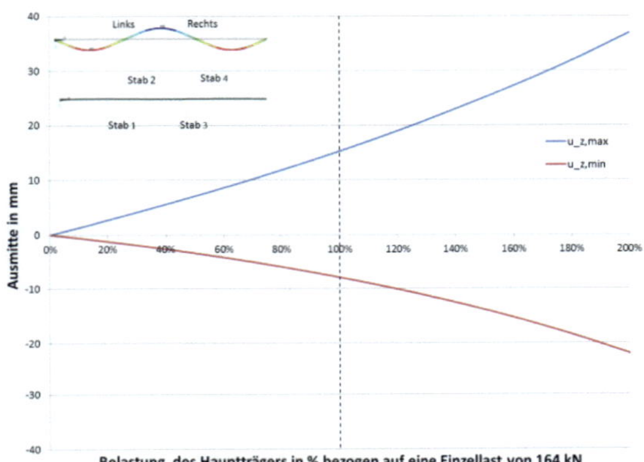

Abb. 12 Auslenkung eines unterspannten Hauptträgers mit intakter Verklebung in den Fugen

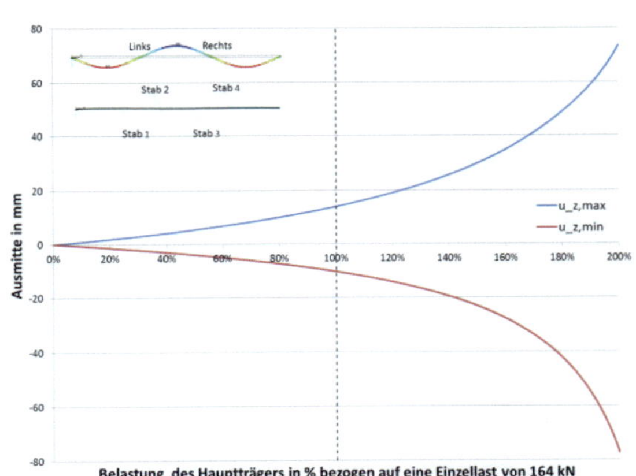

Abb. 10 Auslenkung eines unterspannten Hauptträgers ohne Verklebung in den Fugen

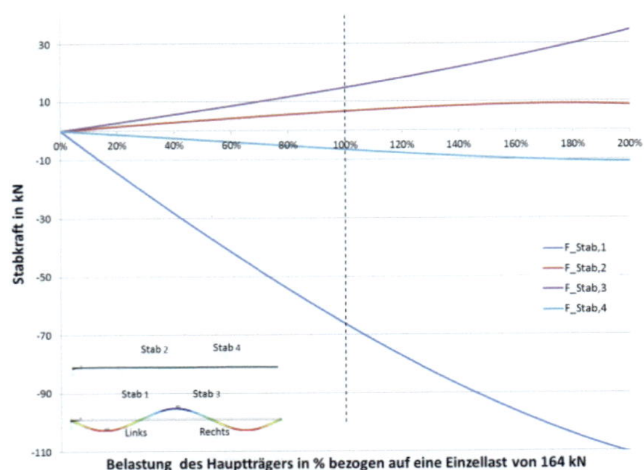

Abb. 13 Kräfte in den Diagonalen für einen unterspannten Hauptträger mit intakter Verklebung in den Fugen

31

Die maximale Druckkraft in dem am stärksten beanspruchten Diagonalstab beträgt 65,6 kN bei einer Beanspruchung, die 100% der Bemessungslast entspricht. Die maximale Zugkraft bei 100% der Bemessungslast beträgt 14,6 kN. Für die Druckkraft von 65,6 kN wurden die aussteifenden Diagonalen sowie deren Anschlüsse statisch nachgewiesen. Zur Aufnahme der Zugkraft von 14,6 kN war es erforderlich, die Diagonalen zusätzlich mit selbstbohrenden Vollgewindeschrauben an die Haupt- und Nebenträger zu befestigen.

Die ausgelenkten beiden Träger (mit und ohne Verklebung zwischen den Lamellen) bei einer Belastung, die 200% der Bemessungslast entspricht, sind in den nachfolgenden Bildern dargestellt.

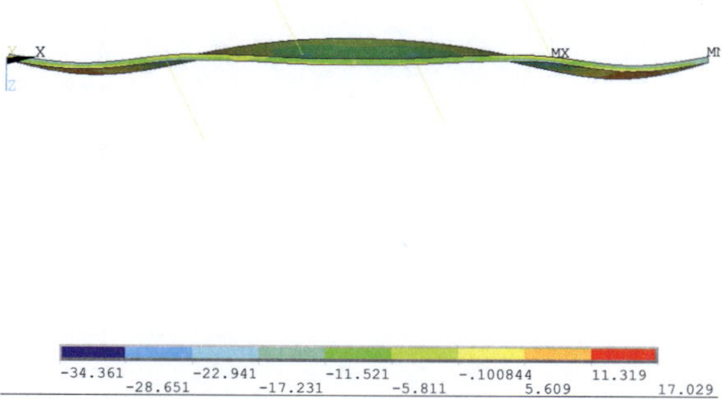

Abb. 14   *Ausgelenkter Hauptträger mit fehlender Verklebung der Lamellen bei 200% der Bemessungslast*

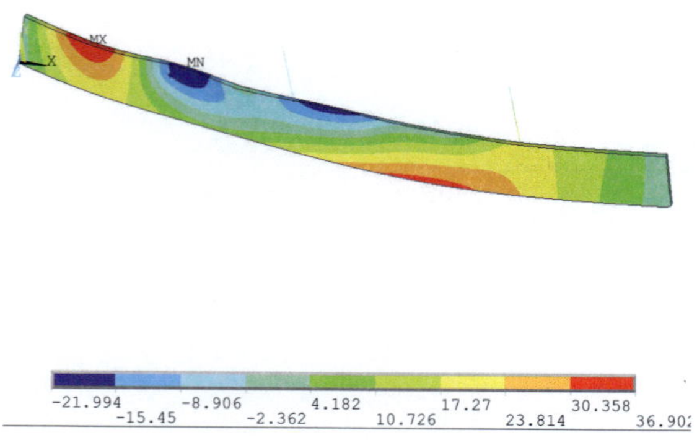

Abb. 15   *Ausgelenkter Hauptträger mit intakter Verklebung der Lamellen bei 200% der Bemessungslast*

2.3 Sanierungsvorschlag für die Nebenträger

Auch die Nebenträger sind nicht ausreichend tragfähig. Das gilt unter der Annahme einer mangelhaften wie auch unter der Annahme einer intakten Verklebung der Lamellen. Für die Nebenträger wurden zwei Ertüchtigungskonzepte ausgearbeitet, welche ohne eine Beeinträchtigung des laufenden Betriebes umgesetzt werden können.

Das erste Ertüchtigungskonzept wurde aus der Idee der Schraubenpressklebung abgeleitet. Bei der Schraubenpressklebung werden flächige Bauteile, wie z.B. ganze Holzwerkstoffplatten auf die zu verstärkenden Träger aufgeklebt. Der für die Verklebung erforderliche Anpressdruck wird erzeugt, indem die Platten an das Holz angeschraubt werden. Regeln zur Schraubenpressklebung sind in DIN 1052-10:2012-05 angegeben. Die Schrauben sind in einem maximalen Abstand von 150 mm anzuordnen. Die DIN 1052-10:2012-05 fordert weiterhin, dass auf einer Fläche von 15.000 mm^2 mindestens eine Schraube angeordnet wird. Demnach müssen auf eine Fläche von 1 m^2 mindestens 67 Schrauben angeordnet werden, die nach dem Aushärten des Klebstoffes nicht mehr benötigt werden und sogar ausgedreht werden könnten. Der Verbund zwischen der Verstärkung und dem zu verstärkenden Element erfolgt lediglich über die Verklebung.

Der erste Ertüchtigungsvorschlag sah daher vor, die Nebenträger mit seitlich angeschraubten OSB-Platten, jedoch ohne Verklebung zu ertüchtigen. Die sonst nur für die Verklebung erforderlichen Schrauben sollten benutzt werden, um die Kräfte zwischen den Brettlamellen übertragen zu können. Im Vergleich zur Schraubenpressklebung waren somit kein Klebstoff und kein Abschleifen der Holzoberflächen erforderlich. Mit den angeschraubten OSB-Platten sollte es möglich sein, die ursprüngliche Tragfähigkeit der Träger wieder herzustellen. Zur Erhöhung der Biegetragfähigkeit war ferner vorgesehen, in den überbeanspruchten Bereichen Laschen aus Brettschichtholz mit geneigt angeordneten Vollgewindeschrauben zu befestigen.

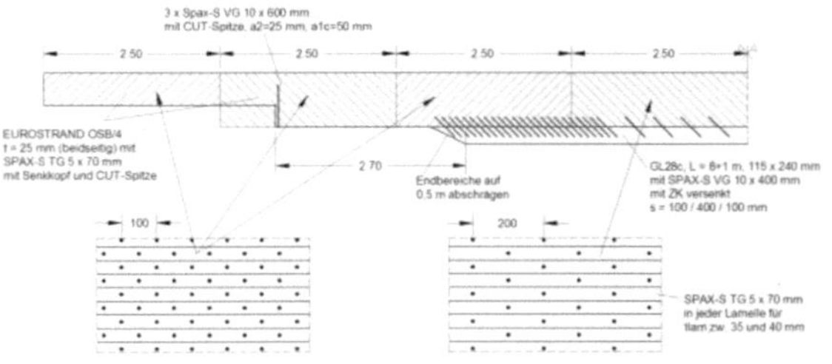

Abb. 16   Ertüchtigter Nebenträger NT1

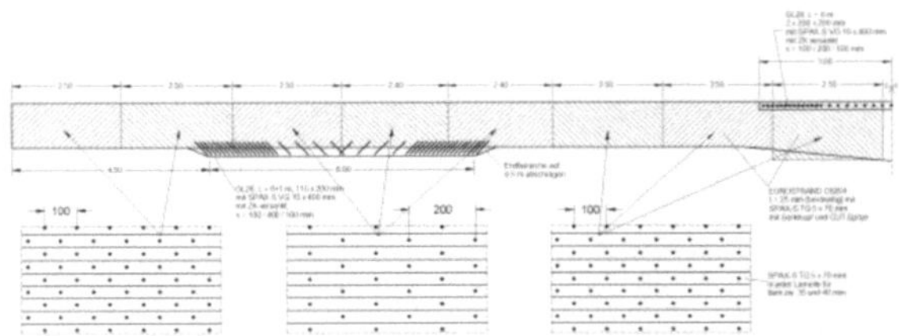

Abb. 17   Ertüchtigter Nebenträger NT2

Der Nachteil dieses Ertüchtigungsvorschlages liegt in der Berechnung. Sowohl die angeschraubten Zuglaschen, welche nicht über die gesamte Länge der Träger angeordnet werden, als auch die angeschraubten Holzwerkstoffplatten können von Hand nur sehr aufwendig berechnet werden. Aus diesem Grund wurden die Systeme mit Hilfe des Finite-Elemente-Programms ANSYS berechnet. Die Berechnungen erfolgten an einem Scheibenmodell. Die übereinander liegenden Brettlamellen wurden als übereinander liegende Scheiben modelliert. Zwischen den einzelnen Scheiben wurden Kontaktelemente angeordnet, welche in der Lage sind, Druckkräfte zwischen den einzelnen Elementen zu übertragen. Weiterhin war es möglich, über die Kontaktelemente die Verbundsteifigkeit zu steuern. Damit konnten die Berechnungen entweder mit einem vollen oder mit einem fehlenden Verbund in den Fugen durchgeführt werden. Das Holz wurde mit seinen orthotropen Materialeigenschaften abgebildet. Die in Kraftrichtung geneigten Vollgewindeschrauben zwischen den Nebenträgern und den Verstärkungslaschen wurden mit Hilfe von Federn mit linear-elastischen Eigenschaften abgebildet.

Die axiale Steifigkeit der Vollgewindeschrauben wurde nach [6] berechnet. Im Vergleich zu den Angaben in den allgemeinen bauaufsichtlichen Zulassungen sind die axialen Steifigkeiten der Vollgewindeschrauben bei Beanspruchung auf Herausziehen größer. In den höher beanspruchten Enden der Zuglaschen wurden mehr Schrauben angeordnet als im weniger beanspruchten mittleren Bereich der Zuglasche.

Für die Befestigung der OSB-Platten wurden Schrauben mit einem Durchmesser von 5 mm verwendet. Damit konnten die Randabstände beim Einschrauben der Schrauben in die 40 mm dicken Brettlamellen eingehalten werden. Die Schrauben waren in jede Brettlamelle einzudrehen. Der Abstand der Schrauben rechtwinklig zur Bauteilachse ergibt sich daher aus der Dicke der Brettlamellen. Der Abstand der Schrauben parallel zur Bauteilachse wurde entsprechend dem Verlauf der Querkraft zwischen 100 und 200 mm gewählt. Für die Finite-Elemente-Berechnung wurden die Schrauben zur Befestigung der OSB-Platten mit einem linear-elastischen / ideal-plastischen Materialverhalten abgebildet. Im Gegensatz zu den auf Herausziehen beanspruchten Schrauben weisen Schrauben bei Beanspruchung auf Abscheren ein gutmütiges plastisches Materialverhalten auf, welches bei der Berechnung der Ertüchtigung ausgenutzt wird. Bei dieser Annahme des Materialverhaltens kann die Last auf beinahe alle Verbindungsmittel verteilt werden. Die auf Abscheren beanspruchten Schrauben wurden bis zu ihrer rechnerischen Tragfähigkeit $F_{v,Rd}$ mit linear-elastischen Eigenschaften mit einer Nachgiebigkeit von K_d modelliert. Ab einer Verschiebung von u = $F_{v,Rd}$ / K_d weisen die Schrauben ein ideal-plastisches Materialverhalten auf. Hierbei kann bei zunehmender Verschiebung die Last nicht mehr gesteigert werden. Als Grenzkriterium für die zumutbare Verschiebung wurde ein Wert von 10 mm zugrundegelegt. Diese Annahme kann noch gerechtfertigt werden, weil eine duktile Verbindung als solche bezeichnet wird, wenn sie bei Beanspruchung auf Abscheren eine Verschiebung von bis zu 15 mm erfahren kann.

Die Berechnungen wurden für die beiden Nebenträger NT1 und NT2 sowohl für den Fall eines fehlenden Verbundes zwischen den Brettlamellen als auch für den Fall eines intakten Verbundes durchgeführt. Die Berechnung mit einem fehlenden Verbund war erforderlich, weil der zuständige Gutachter die Klebefugen als nicht ausreichend tragfähig eingestuft hat. Die Berechnung mit intakter Verklebung zwischen den Brettlamellen war erforderlich, weil die Klebefugen noch nicht durchgerissen waren und die Träger mindesten noch die Lasten aus dem Gewicht der Dacheindeckung aufnehmen konnten.

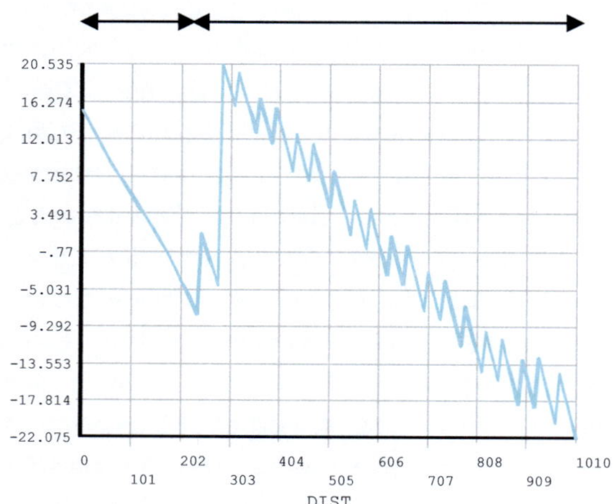

Abb. 18   Normalspannungsverteilung im BSH in Feldmitte über den Querschnitt (von unten nach oben, Träger ohne Verbund)

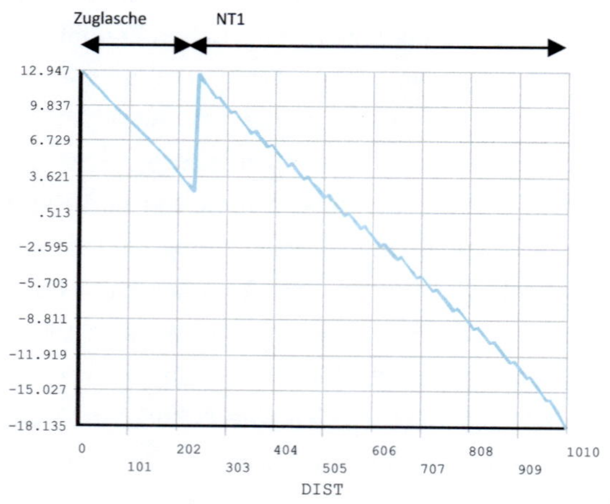

Abb. 19   Normalspannungsverteilung im BSH in Feldmitte über den Querschnitt (von unten nach oben, Träger mit Verbund)

Für die vorgenannten 4 Systeme wurden die zugehörigen Spannungsverläufe in den Brettschichtholzträgern und in den OSB-Platten ermittelt und den aufnehmbaren Spannungen gegenübergestellt. Ferner wurden die Kräfte in den Schrauben berechnet und ebenfalls den aufnehmbaren Kräften gegenübergestellt. Bei allen untersuchten Systemen waren die Beanspruchungen geringer als die Bemessungswerte der Beanspruchung.

Exemplarisch sind nachfolgend die wichtigsten Ergebnisse für einen ertüchtigten Nebenträger NT1 dargestellt. Die zugehörigen Spannungen und Kräfte wurden für den Bemessungswert der Beanspruchung berechnet.

Der Nachteil der vorgenannten Ertüchtigungsmethode liegt in der großen Anzahl der Schrauben, die für die Befestigung der OSB-Platten benötigt werden. Ein alternativer Ertüchtigungsvorschlag wurde daher ausgearbeitet. Wie bei dem ersten Ertüchtigungsvorschlag, war hier die fehlende Biegetragfähigkeit mit von unten bzw. von der Seite angeschraubten Zuglaschen zu erhöhen. Die Zuglaschen waren mit in Kraftrichtung geneigt angeordneten Vollgewindeschrauben zu befestigen. In den Bereichen hoher Querkräfte waren auch OSB-Platten anzuschrauben. Auch hier sollte der Verbund ohne Verklebung, d.h. lediglich mit Hilfe der Schrauben erfolgen. Bei den Nebenträgern NT1 und NT2 waren somit 4 OSB-Platten je Seite bzw. 8 OSB-Platten je Träger vorgesehen. Abweichend von der vorgenannten Ertüchtigungsmethode waren bei dieser Methode von beiden Trägerseiten zusätzliche Diagonalen aus Rundstahl anzuordnen. Unter der Annahme eines fehlenden Verbundes zwischen den Brettlamellen kann mit Hilfe dieser Zugdiagonalen ein fiktives Fachwerk gebildet werden. Die Gurte des Trägers werden von den Randlamellen gebildet, welche in der Lage sind, Normalkräfte zu übertragen. Bei lose übereinander liegenden Brettlamellen müssen die Anschlüsse der Diagonalen die Brettlamellen der fiktiven Gurte zusammenhalten, die für die Übertragung der Normalkräfte in statischer Sicht erforderlich sind. Die Pfosten des fiktiven Fachwerkträgers können entfallen, da die Kräfte der fiktiven Pfosten über Querdruck übertragen werden. Zur Ausbildung eines fiktiven Fachwerkes genügt es daher lediglich, zusätzliche Diagonalen anzuordnen.

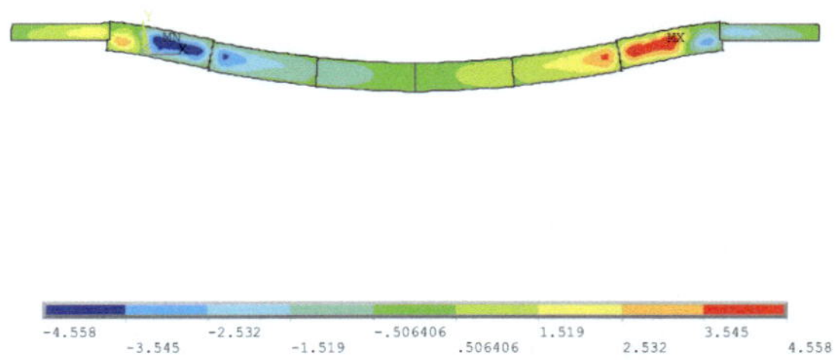

Abb. 20   Schubspannungsverteilung in den
aufgeschraubten OSB-Platten
(Träger ohne Verbund)

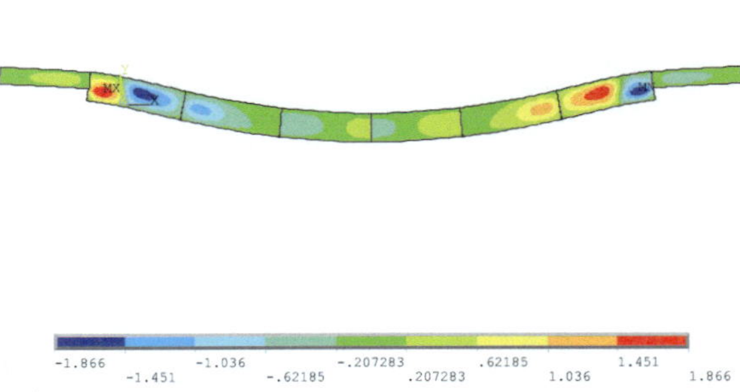

Abb. 21   Schubspannungsverteilung in den
aufgeschraubten OSB-Platten (Träger
mit Verbund)

Wie bei dem vorgenannten Ertüchtigungsvorschlag wurden auch bei diesem Ertüchtigungsvorschlag die Finite-Elemente-Berechnungen für den Fall eines fehlenden Verbundes zwischen den Brettlamellen und für den Fall eines intakten Verbundes durchgeführt.

Für die vorgenannten 4 Systeme wurden die zugehörigen Spannungsverläufe in den Brettschichtholzträgern und in den OSB-Platten ermittelt und den aufnehmbaren Spannungen gegenübergestellt. Ferner wurden die Kräfte in den Schrauben und Zugstangen berechnet und ebenfalls den aufnehmbaren Kräften gegenübergestellt. Bei allen untersuchten Systemen waren die Beanspruchungen geringer als die Bemessungswerte der Beanspruchung.

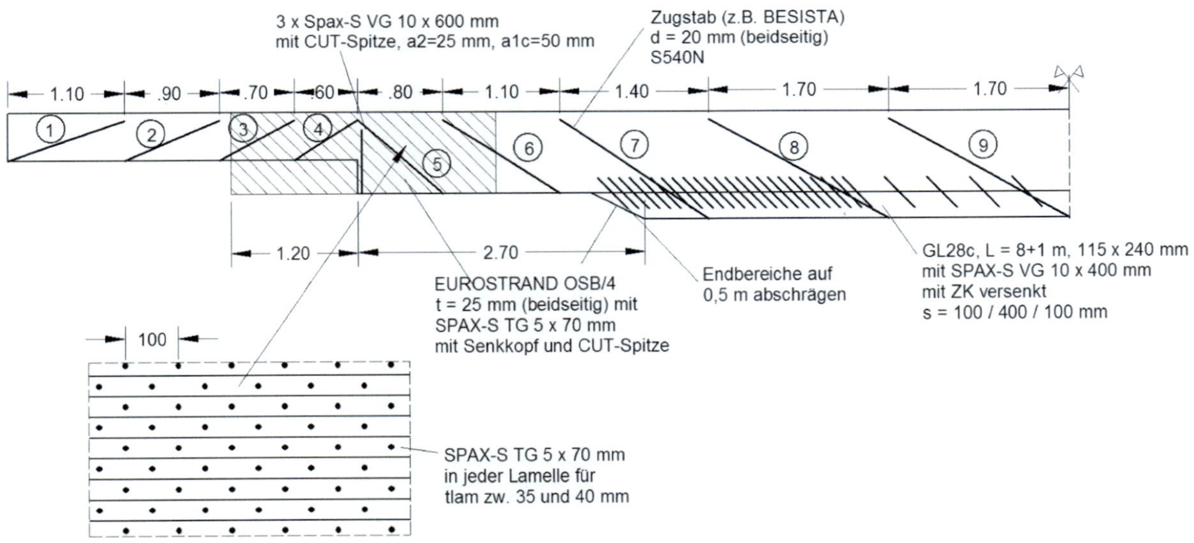

Abb. 22   Ertüchtigter Nebenträger NT1

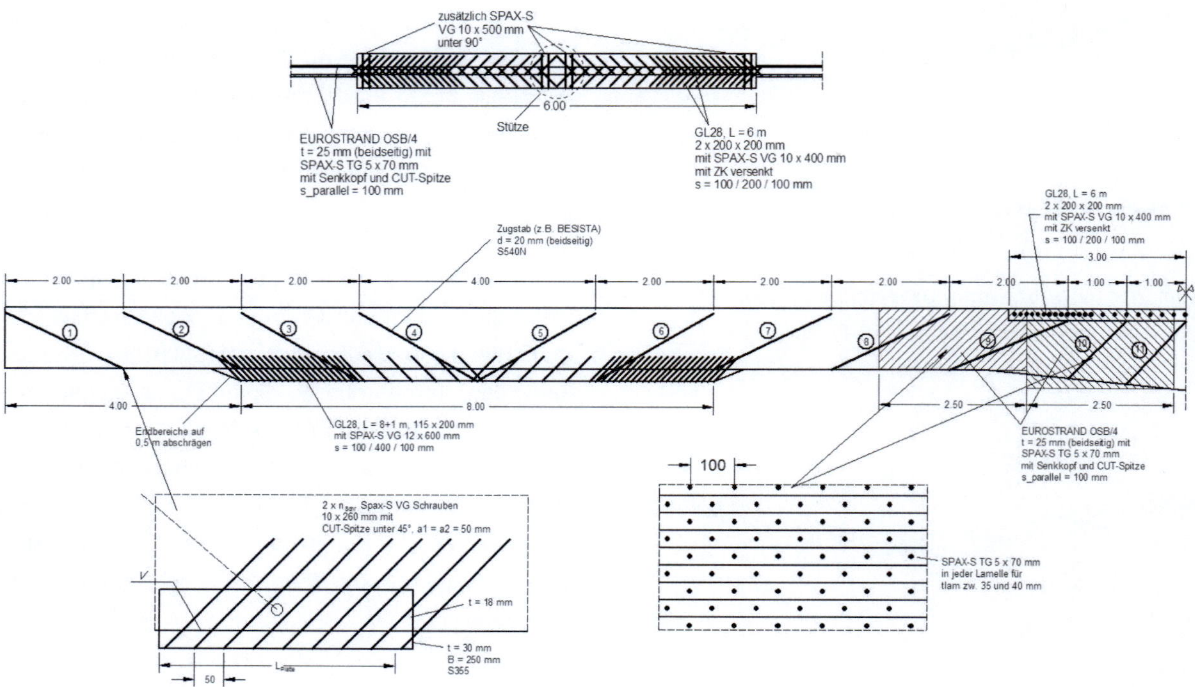

Abb. 23   Ertüchtigter Nebenträger NT2

Exemplarisch sind nachfolgend die wichtigsten Ergebnisse für einen ertüchtigten Nebenträger NT1 dargestellt. Die zugehörigen Spannungen und Kräfte wurden für den Bemessungswert der Beanspruchung berechnet

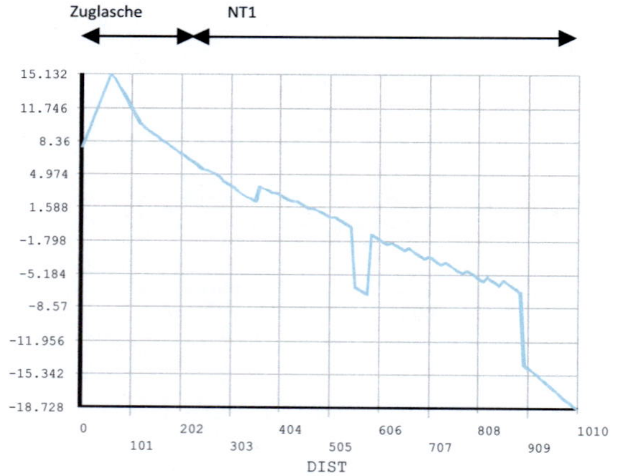

Abb. 24   Normalspannungsverteilung im BSH in Feldmitte über den Querschnitt (von unten nach oben, Träger ohne Verbund)

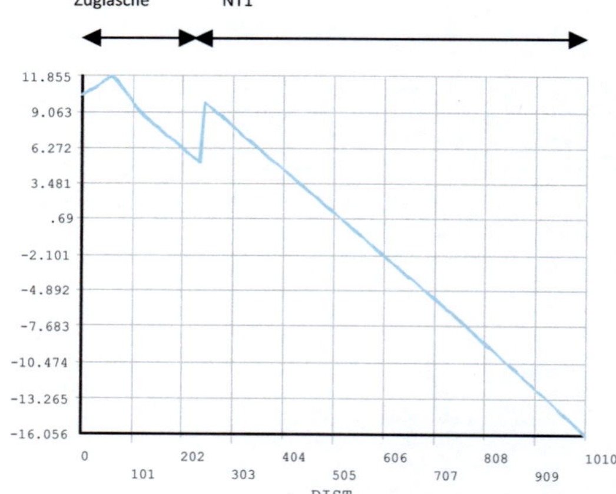

Abb. 25   Normalspannungsverteilung im BSH in Feldmitte über den Querschnitt (von unten nach oben, Träger mit Verbund)

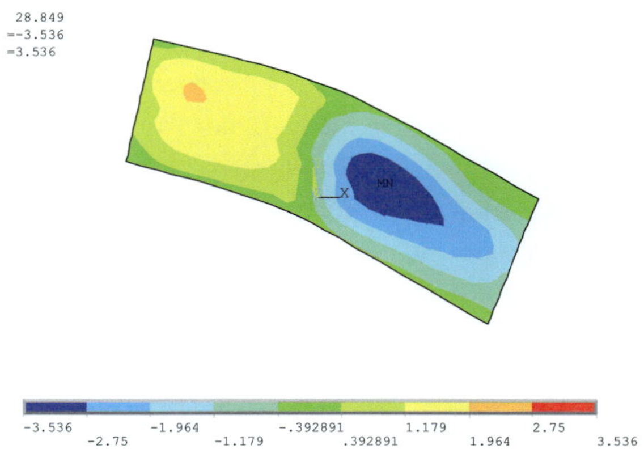

Abb. 26   Schubspannungsverteilung in der
aufgeschraubten OSB-Platte
(Träger ohne Verbund)

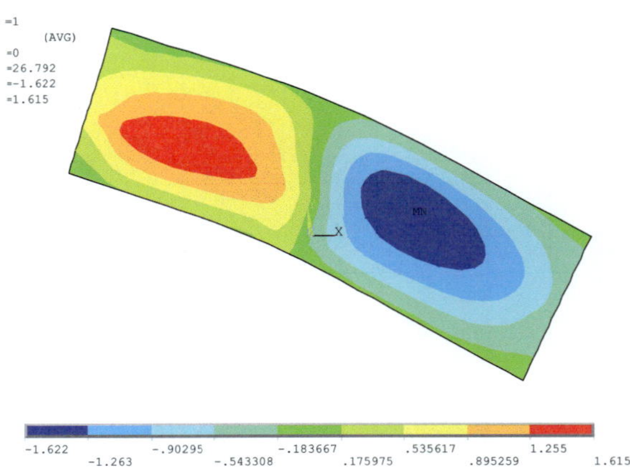

Abb. 27   Schubspannungsverteilung in der
aufgeschraubten OSB-Platte
(Träger mit Verbund)

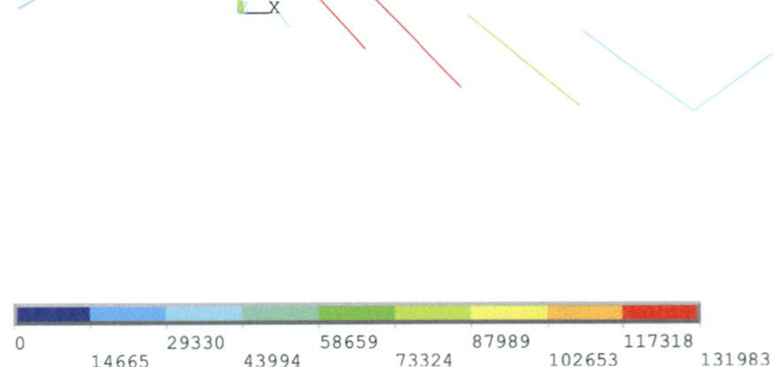

Abb. 28   Zugkräfte in den Diagonalstäben
(Träger ohne Verbund)

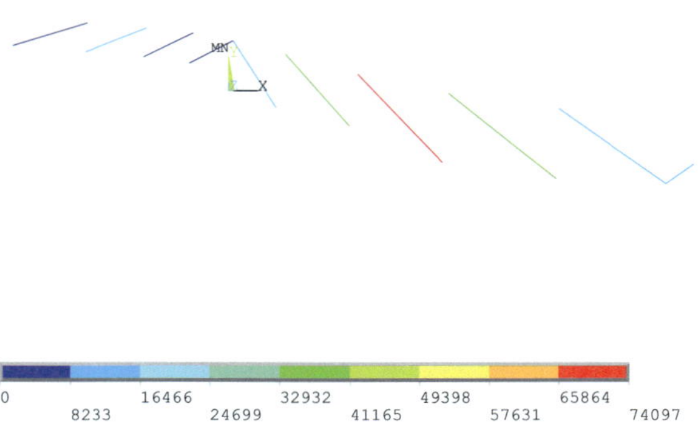

Abb. 29   Zugkräfte in den Diagonalstäben
(Träger mit Verbund)

2.4 Traglastversuche

Für die Hauptträger wurden ein und für die Nebenträger NT1 und NT2 zwei Ertüchtigungskonzepte ausgearbeitet. Bei den Nebenträgern NT1 und NT2 fiel die Entscheidung des Auftraggebers auf die Ertüchtigungsvariante mit über die gesamte Trägerlänge angeschraubten OSB-Platten. Nachteilig bei dieser Ertüchtigungsvariante ist die große Anzahl der Schrauben. Entscheidend für diese Ertüchtigungsvariante ist jedoch die einfache Montage. Die Träger und die OSB-Platten müssen nicht gehobelt oder geschliffen werden, da diese nicht angeklebt werden. Für die Befestigung der OSB-Platten ist lediglich eine Montageschwelle von unten an die Träger anzuschrauben. Die Löcher in den OSB-Platten können bereits im Werk vorgebohrt werden. Auch ist es möglich, die Schrauben bereits im Werk mit Hilfe computergesteuerter Maschinen vorzudrehen. So können die OSB-Platten auf die Montageschwellen aufgestellt und die Schrauben versenkt werden. Bei einem Gewicht der Platten zwischen 30 kg und 50 kg können diese ohne großen Aufwand bewegt werden.

Zur Verifizierung der durchgeführten Berechnungen, insbesondere der Finite-Elemente-Berechnungen, bestand seitens des Auftraggebers der Wunsch, ertüchtigte Träger in einem Maßstab von 1:1 nachzubauen und zu prüfen. Insgesamt drei ertüchtigte Hauptträger sowie drei ertüchtigte Nebenträger NT1 wurden nachgebaut und geprüft. Weiterhin wurde jeweils ein unverstärkter Haupt- und Nebenträger NT1 geprüft. Die 8 Brettschichtholzträger mit einer Länge von 20 m wurden mit nahezu identischen

Eigenschaften hergestellt wie die Träger vor Ort. Die mangelhafte Verklebung zwischen den einzelnen Brettlamellen wurde durch die Reduzierung der Klebstoffmenge erzielt. Die Verklebung der Brettlamellen zu Brettschichtholz sollte dabei so ausgeführt werden, dass die Scherfestigkeit in allen Klebefugen in etwa 20% der durch Norm geforderten Scherfestigkeit entspricht. Unter der Annahme eines linearen Zusammenhanges zwischen der Klebstoffmenge und der Scherfestigkeit in den Klebefugen, war der Klebstoff auf die Lamellen so aufzutragen, dass nur etwa 20% der Lamellenbreite mit einem Klebstofffilm belegt war. Nach der Herstellung der ersten beiden Brettschichtholzträger wurden diese an ihren Enden gekappt und zur Überprüfung der Scherfestigkeit an das KIT, Versuchsanstalt für Stahl, Holz und Steine geliefert. Die Scherfestigkeit wurde über die gesamte Trägerbreite ermittelt. Der mittlere Wert der Scherfestigkeit der Proben betrug 2,2 N/mm^2 bei einem Kleinstwert von 1,0 N/mm^2 und bei einem Größtwert von 3,5 N/mm^2. Bezogen auf einen Wert der Scherfestigkeit von 6,0 N/mm^2, welcher gemäß DIN EN 386:2002-04 für die Klebefugen von Brettschichtholz gefordert wird, war damit die normativ geforderte Scherfestigkeit deutlich unterschritten. Die restlichen sechs Träger wurden analog zu den ersten beiden Trägern mit der modifizierten Verklebung hergestellt.

Drei verstärkte und ein unverstärkter Hauptträger HT sowie drei verstärkte und ein unverstärkter Nebenträger NT1 wurden im Werk der Firma Schaffitzel produziert und zur Prüfung an das KIT, Versuchsanstalt für Stahl, Holz und Steine geliefert. Die 20 m langen Träger wurden in einem Vier-Punkt-Biegeversuche geprüft, wobei die Belastung über zwei Einzellasten auf das jeweilige System aufgebracht wurde. Zur Ermittlung der globalen Steifigkeit wurde die Verformung in Feldmitte an der Trägeroberseite mit einem induktiven Wegaufnehmer gemessen. Zur Bestimmung der lokalen Steifigkeit wurde die Verformung in der Mitte des querkraftfreien Trägerabschnittes über einen Messbereich mit der Länge von 5.400 mm gemessen. Die Messung erfolgte mit beidseitig angeordneten induktiven Wegaufnehmern.

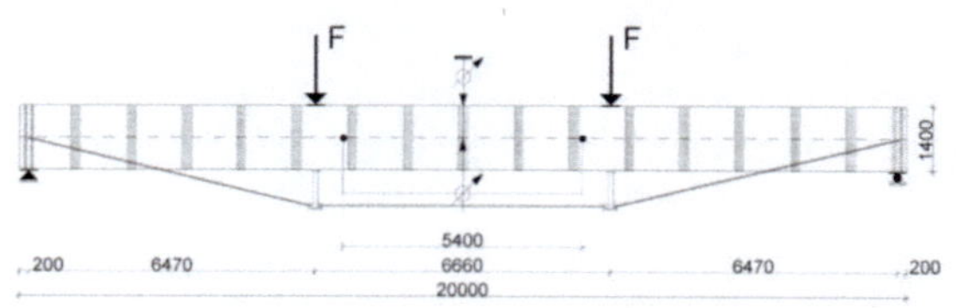

Abb. 31 Versuchsaufbau Hauptträger HT

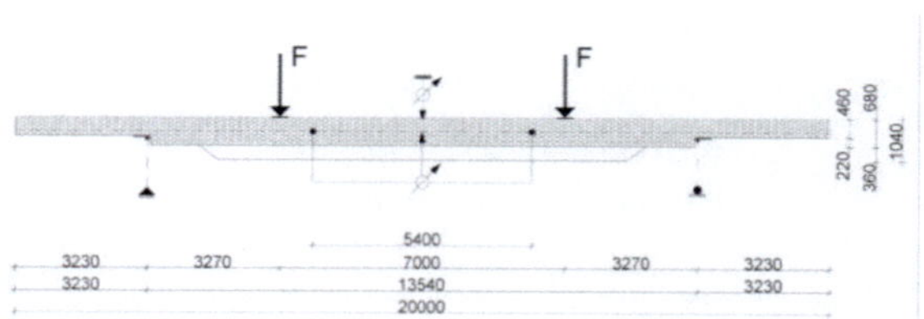

Abb. 32   Versuchsaufbau Nebenträger NT1

Bei dem unverstärkten Hauptträger HT_01 trat ein schlagartiges Schubversagen ein. Der Schubriss verlief ungefähr in der Trägermitte und erstrecke sich von einem Trägerende am zweiwertigen Auflager über ca. 2/3 der Trägerlänge. Die gemessene Bruchlast betrug 89,6 kN. Bezogen auf den Querschnitt mit einer Höhe von 1400 mm und einer Breite von 140 mm berechnet sich die Schubspannung beim Bruch zu 0,69 N/mm^2. Dieser Wert ist deutlich geringer als der normativ geforderte Wert der Schubfestigkeit.

Abb. 30   Partielle Verklebung in den Fugen

Abb. 33   Schubversagen im unverstärkten
Hauptträger

Während des Prüfdurchlaufes des ersten verstärkten Hauptträgers (HTv_01) trat bei ca. 110 kN ein schlagartiger Querzugriss an einem der Trägerenden auf. Ursächlich für dieses Querzugversagen in den Lasteinleitungspunkten waren die zu kurzen Schrauben. Der Versuch wurde bei konstant gehaltener Last angehalten. Die Auflagerungen wurden mit zusätzlichen längeren Schrauben verstärkt, indem rechtwinklig zur Trägeroberfläche weitere Vollgewindeschrauben eingedreht wurden. Anschließend wurde der Versuch fortgesetzt. Bei den restlichen beiden Versuchskörpern wurden die Vollgewindeschrauben zur Querzugsicherung bereits vor der Versuchsdurchführung eingedreht.

Der Versuch mit dem ersten verstärkten Hauptträger musste bei einer Prüflast von 234 kN abgebrochen werden. Grund hierfür war die unzureichende Aussteifung des Trägers. Bei den restlichen beiden verstärkten Hauptträgern lag die Bruchlast bei 283 kN bzw. 317 kN. Bei diesen beiden Trägern trat zunächst ein Schubversagen in zwei Fugen auf, offensichtlich verursacht durch das Erreichen der Scherfestigkeit in den Klebefugen. Mit zunehmender Anzahl der Schubrisse sinkt die Biegesteifigkeit des unterspannten Trägers was zu einer Umlagerung der Kräfte in die Unterspannung führt. Trotz der Schubrisse konnten sich die BSH-Träger in die Unterspannung einhängen und die Last weiter gesteigert werden, bis schließlich auch die Schrauben der einen Stahlplatte am Auflager herausgezogen wurden. Durch die außermittige Anordnung der Zugstangen werden die Schrauben zur Befestigung der seitlichen

Stahlplatten auf Abscheren und auf Herausziehen beansprucht. Versagt die eine Stahlplatte, kann die Zugkraft nur noch von der benachbarten Zugstange aufgenommen werden. Hierbei kommt es zur außermittigen Beanspruchung der Spreizpfosten und folglich zu ihrem seitlichen Ausweichen.

Abb. 34   Schubversagen beim verstärkten
Hauptträger

Die Versuche können als erfolgreich betrachtet werden, da selbst die kleinste Versuchslast, bei der der Versuch wegen ungenügender Aussteifung abgebrochen werden musste, mit 234 kN gleich groß war, wie der Bemessungswert der Beanspruchung erhöht um den Teilsicherheitsbeiwert für das Material Holz und um den Modifikationsbeiwert. Dieser Wert berechnet sich zu 162 kN·1,3/0,9 = 234 kN. Die Lasten für die ausreichend ausgesteiften Träger waren um 21% bzw. 36% größer als der modifizierte Bemessungswert.

Abb. 35   Versagen an der Stahlplatte und seitliches
Ausweichen der Spreizpfosten

Bei dem Nebenträger ohne Verstärkungen trat ebenfalls ein schlagartiges Schubversagen bei einer Bruchlast von F = 47,8 kN auf. Dieser Wert entspricht einer rechnerischen Schubspannung von nur 0,92 N/mm^2 bezogen auf eine Querschnittshöhe von 680 mm. Der Schubriss verlief ungefähr in der Trägermitte und erstreckte sich von einem Trägerende über ca. 2/3 der Trägerlänge.

Die verstärkten Nebenträger NTv_01 und NTv_03 versagten in der Nähe der Lasteinleitung durch Biegezugversagen des Nebenträgers und des unteren Verstärkungsträgers. Die Risse führten auch durch die beidseitig aufgeschraubten OSB-Platten. Ein partielles Versagen einer Keilzinkung der untersten Lamelle im Biegezugbereich wurde ebenfalls festgestellt. Der Träger NTv_02 versagte im Bereich des Endes der angeschraubten Zuglasche infolge Biegezugversagen.

Auf den ersten Blick scheinen die Versuchsergebnisse für die Nebenträger nicht zufriedenstellend zu sein. Dies trifft jedoch nicht zu, da die Belastung der Versuchsträger durch zwei Einzellasten nicht der Belastung der Nebenträger in der schadhaften Dachkonstruktion entspricht. Zum Vergleich der Versuchsergebnisse mit den Lasten vor Ort müssen die beiden Belastungssysteme aufeinander angepasst werden. Der Nebenträger NT1 wird vor Ort durch eine konstante Streckenlast von p_d = 15,9 kN/m beansprucht. Diese Belastung führt zu einer Querkraft am Auflager im Bereich des höheren Querschnittes von Q_d = 106 kN und zu einem Biegemoment in Feldmitte von M_d = 266 kN. Das Biegemoment am Ende der Zuglasche in einem Abstand von 1,7 m ausgehend von der Ausklinkung beträgt M_d = 71,6 kNm. Im Gegensatz zu der Belastung durch eine konstante Streckenlast wurden die Versuchsträger durch zwei Einzellasten beansprucht. Die Querkraft am Auflager entspricht der Einzellast. Das Biegemoment in Feldmitte berechnet sich aus der Konfiguration der Versuchsträger zu M = 3,27·Q. Das Biegemoment am Ende der Zuglasche berechnet sich zu M = 1,77·Q. Das Verhältnis zwischen dem Biegemoment in Feldmitte und der Querkraft für die Versuchsträger beträgt 3,27. Bei einer Belastung durch eine konstante Streckenlast berechnet sich das Verhältnis zwischen dem Biegemoment in Feldmitte und der Querkraft zu 266/106 = 2,51. Damit

ist das Biegemoment im Versuchsträger bezogen auf die Querkraft um 30% größer als im reellen System. Um die Versuchsergebnisse als erfolgreich bezeichnen zu können, hätte bei einem Schubversagen, der Träger einer Belastung von F = 1,3/0,9·106 kN = 153 kN standhalten müssen. Bei einem Biegeversagen in Feldmitte würde bereits eine um 30% kleinere Last von 118 kN genügen, um den gewünschten Erfolg zu erzielen. Bei einer tatsächlichen Belastung von 118 kN berechnet sich das Biegemoment in Feldmitte des Versuchsträgers zu M = 3,27·Q = 386 kNm. Daraus kann ein Bemessungswert von M_d = 0,9/1,3·386 kNm = 267 kNm abgeleitet werden. Dieser Wert entspricht dem berechneten Bemessungswert in der schadhaften Dachkonstruktion.

Abb. 36   Schubversagen beim unverstärkten Nebenträger

Abb. 37   Nebenträger mit Biegezugversagen unterhalb der Lasteinleitungsstelle

Abb. 38   Nebenträger mit Biegezugversagen
am Ende der Zuglasche

Demnach können die Ergebnisse sehr wohl als Erfolg gewertet werden. Kein einziger verstärkter Nebenträger versagte auf Schub. Bei zwei Versuchsträgern trat ein Biegebruch in der Zuglasche und bei einem Versuchsträger am Übergang zur Zuglasche auf. Die erzielten Lasten von F_1 = 152 kN, F_2 = 159 kN und F_3 = 138 kN waren größer als die rechnerisch erforderliche Last von 118 kN beim Biegeversagen. Bei dem ersten und zweiten Versuchsträger wurde, obwohl kein Schubversagen beobachtet wurde, sogar die für ein Schubversagen erforderliche Belastung übertroffen.

3   Zusammenfassung

Obwohl etwa 200 Brettschichtholzträger mit einer Länge von 20 m und weitere 30 Brettschichtholzträger mit einer Länge von 40 m für den Abriss vorbestimmt waren, war es möglich, durch die Kombination aus Berechnung, teilweise mit Hilfe von ANSYS, und durch Traglastversuche ein Ertüchtigungskonzept auszuarbeiten. Die vorgegebenen Randbedingungen wurden vollständig eingehalten. Die gesamte Ertüchtigung kommt ohne Verklebung aus. Auch müssen die Brettschichtholzträger vor Ort nicht aufwendig geschliffen oder gehobelt werden. Die Verstärkungsbauteile weisen ein geringes Gewicht auf, so dass diese ganz ohne Kran montiert werden können. Auch ist es nicht erforderlich, das Dach zu öffnen.

Die Ertüchtigungsmaßnahmen wurden stets für zwei Szenarien berechnet. Das erste Szenario ging davon aus, dass die Klebefugen vollständig durchgerissen sind und keine Scherkräfte zwischen den Brettlamellen übertragen werden können. Das zweite Szenario ging von einer Resttragfähigkeit der Fugen aus, nicht wissend, wie viel den Scherfugen noch zugemutet werden kann. Die vorgestellten Ertüchtigungen funktionieren so, dass im Vergleich zu unverstärkten Brettschichtholzträgern die Schubspannungen deutlich reduziert werden. Sollten die Klebefugen selbst die reduzierten Schubspannungen nicht aufnehmen können, erlauben die Ertüchtigungskonzepte ein Versagen in den Klebefugen. In diesen Fällen werden die Kräfte auf die Verstärkungselemente umgelagert.

4 Literatur

[1] DIN EN 1991-1-1/NA:2010-12: Eurocode 5, Bemessung und Konstruktion von Holzbauten –Teil 1-1: Allgemeines – Allgemeine Regeln und Regeln für den Hochbau

[2] M.H. Kessel, „Zur seitlichen Stabilisierung des unterspannten Trägers". In: Bauingenieur 63 (1988), Seiten 281-287

[3] Radovic, B.; Goth, H. 1992: „Entwicklung und Stand eines Verfahrens zur Sanierung von Fugen in Brettschichtholz". In: bauen mit holz, Heft 9/1992, Bruderverlag, Karlsruhe

[4] Leitfaden zur Sanierung von BS-Holz-Bauteilen, Studiengemeinschaft Holzleimbau e.V. (Fassung Juni 2013)

[5] M.H. Kessel, Zur seitlichen Stabilisierung des unterspannten Trägers in Bauingenieur 63 (1988), Seiten 281-287

[6] Blaß et al., Schubverstärkung von Holz mit Holzschrauben und Gewindestangen. Karlsruher Berichte zum Ingenieurholzbau, Band 15

[7] Prüfbericht der Versuchsanstalt für Stahl, Holz und Steine, amtliche Materialprüfungsanstalt, Karlsruher Institut für Technologie, Nr. 136117 vom 10.04.2013

5 Autor

Dr.-Ing. Ireneusz Bejtka

Blaß & Eberhart GmbH
Ingenieurbüro für Baukonstruktionen
Pforzheimer Str. 15b
76227 Karlsruhe

Kontakt:
bejtka@ing-bue.de

BauBuche – Der kostengünstige Hochleistungswerkstoff

Ralf Pollmeier

Zusammenfassung

Deutschland ist etwa zu einem Drittel mit Wald bedeckt. Gut 40% dieser Fläche ist mit Laubbäumen besetzt, wobei Buche die am weitesten verbreitete Baumart ist. Durch den aus ökologischen Gründen seit den 1980er Jahren vorgenommen Waldumbau, wird der Laubholzanteil zukünftig weiter steigen. Trotzdem spielt das Laubholz im konstruktiven Bereich nur eine geringe Rolle: 99% der im konstruktiven Holzbau verwendeten Hölzer sind Nadelhölzer.

Bei der heutigen Neuentdeckung des Baustoffs Holz ist es naheliegend, dass nach Möglichkeiten gesucht wird, das reichlich vorhandene Laubholz für den konstruktiven Holzbau zu nutzen. Brettschichtholz aus Buche wurde zwar bauaufsichtlich zugelassen, konnte bisher jedoch keine nennenswerten Marktanteile erlangen, da die Herstellung ist zu teuer sind. Die Stämme sind weniger gerade und enthalten meist große Äste. Trocknungsprozesse dauern länger und sind mit höheren Kosten verbunden.

Die Firma Pollmeier aus Creuzburg/Thüringen geht jetzt ganz neue Wege und fertigt seit Sommer 2014 Furnierschichtholz aus Buche. Dabei werden ganze Buchenstämme gekocht, in einem spanlosen Verfahren rotierend zu 3,5 mm dünnen Furnieren geschält und dann zu Platten verklebt. Der neue Werkstoff soll jetzt die Buche in den konstruktiven Holzbau bringen und wird unter dem Namen BauBuche vermarktet.

1   Einführung

Bis vor etwa 150 Jahren war Holz neben dem Naturstein der dominierende Baustoff. Mit Beginn der Industrialisierung verlor Holz als Baustoff jedoch dramatisch an Bedeutung. Holz wurde im 19. Jahrhundert durch Stahl und im 20. Jahrhundert durch Stahlbeton verdrängt. Diese leistungsfähigeren Baustoffe entsprachen besser den gestiegenen Anforderungen im Bauwesen. Doch seit Beginn des 21. Jahrhunderts erlebt der Holzbau europaweit eine Renaissance. Das sich verstärkende Umweltbewusstsein, die vermehrte Nutzung von nachhaltigen und energieeffizienten Materialien sowie die Notwendigkeit zur Entgegenwirkung des Klimawandels haben auch im Bauwesen zu einem Umdenken geführt. Und gleichzeitig haben Forschung und Entwicklung moderne und leistungsfähigere Holzbauprodukte, sowie effizientere Berechnungs- und Fertigungsmethoden hervorgebracht – eine Entwicklung die noch lange nicht abgeschlossen ist.

Deutschland ist in etwa zu einem Drittel mit Wald bedeckt. Gut 40% dieser Fläche ist mit Laubbäumen besetzt, wobei Buche die am weitesten verbreitete Baumart ist. Und durch den aus ökologischen Gründen seit den 1980er Jahren vorgenommen Waldumbau, wird der Laubholzanteil zukünftig weiter steigen. Ein ganz anderes Bild bietet sich hingegen im konstruktiven Holzbau. Dieser Bereich wird zu 99% von Nadelhölzern dominiert. Der Thünen Report 9 vom Dezember 2013 schlussfolgert deshalb: „Der vermehrte Anfall von Laubholz und die begrenzten Verwendungsmöglichkeiten in Form von Produkten mit höherer Wertschöpfung sind noch immer ein Problem der Holzverwendung. Das Laubholz spielt im konstruktiven Bereich nach wie vor eine geringe Rolle."

Bei der heutigen Neuentdeckung des Baustoffs Holz ist es naheliegend, dass nach Möglichkeiten gesucht wird, das reichlich vorhandene Laubholz für den konstruktiven Holzbau zu nutzen. Denn es ist allgemein bekannt, dass Laubholz eine höhere Festigkeit und bessere Oberflächengüte als Nadelholz bietet. Doch alle bisherigen Versuche Laubholz im konstruktiven Bereich zu nutzen, waren nur bedingt erfolgreich. Brettschichtholz aus Buche wurde zwar bauaufsichtlich zugelassen, konnte bisher jedoch keine nennenswerten Marktanteile erlangen. Die Herstellung ist einfach zu teuer. Denn Laubholz ist aufwendiger in der Verarbeitung: Die Stämme sind weniger gerade und enthalten meist große Äste. Trocknungsprozesse dauern länger und sind mit höheren Kosten verbunden. Deshalb sind Laubholzprodukte für den konstruktiven Holzbau bisher teure Nischenprodukte für eine kleine zahlungskräftige Klientel.

Die Firma Pollmeier aus Creuzburg/Thüringen geht jetzt ganz neue Wege und fertigt seit Sommer 2014 Furnierschichtholz aus Buche. Dabei werden ganze Buchenstämme gekocht, in einem spanlosen Verfahren rotierend zu 3,5 mm dünnen Furnieren geschält und dann zu Platten verklebt. Der neue Werkstoff soll jetzt die Buche in den konstruktiven Holzbau bringen und wird unter dem Namen BauBuche vermarktet.

2   Die technischen Eigenschaften der BauBuche

Buchenholz selbst ist sehr leistungsfähig. Fehlstellen und Äste im Holz reduzieren jedoch punktuell die Leistungsfähigkeit. Hier liegt einer der größten Vorteile der BauBuche. Der Aufbau aus vielen dünnen Schichten führt zu einer starken Homogenisierung des Werkstoffs. Fehlstellen und Äste werden gleichmäßiger über den Querschnitt verteilt, so dass deren Einfluss auf die technischen Eigenschaften stark abnimmt. Das Ergebnis ist ein Hochleistungsprodukt mit technischen Kennwerten, wie sie bisher bei Holzbauprodukten unbekannt waren. Mit BauBuche können schlankere, elegantere Tragwerke ausgeführt und größere Spannweiten realisiert werden. Damit bietet sich Planern die Möglichkeit, dem nachwachsenden Rohstoff Holz noch mehr Anwendungsmöglichkeiten zu erschließen. Ein Beispiel dafür ist die Entwicklung eines Parkhauses, ein Forschungsprojekt der TUM.Wood aus München. Darüber hinaus bietet der neue Werkstoff mit seinem modernen, hochwertigen Erscheinungsbild und der hohen Oberflächengüte optisch eine spannende Alternative zu den üblichen Nadelholzprodukten.

Tab. 1:   Technische Eigenschaften der BauBuche GL70 im Vergleich zu herkömmlichem Brettschichtholz Gl.28h

		BauBuche GL70	Brettschichtholz GL28h
Charakteristische Biegefestigkeit	$f_{m,y,k}$ [N/mm²]	70	28
Charakteristische Zugfestigkeit in Faserrichtung	$f_{t,0,k}$ [N/mm²]	55	19,5
Charakteristische Druckfestigkeit parallel zur Faserrichtung	$f_{c,0,k}$ [N/mm²]	49,5	26,5
Charakteristische Schubfestigkeit	$f_{v,k}$ [N/mm²]	4,0	2,5
Mittelwert des Elastizitätsmoduls in Faserrichtung	$E_{0,mean}$ [N/mm²]	16 700	12600
Charakteristische Rohdichte	ρ_k [kg/m³]	680	410

Abb. 1   BauBuche Projektbeispiel / Visualisierung Parkhaus

Abb.1 zeigt Unterzüge und Stützen aus BauBuche GL70 und eine, Deckenuntersicht aus BauBuche Platten (Forschungsprojekt der TUM.Wood unter Beteiligung der Professoren Hermann Kaufmann, Florian Nagler, Stefan Winter, Klaus Richter, Jan-Willem van de Kuilen).

Abb. 2   BauBuche Projektbeispiel / Visualisierung Turnhalle

In Abb. 2 ist eine Turnhalle mit einem Fachwerk, Pfettenlage und Fassadenstützen aus BauBuche GL70 visualisiert. Die aussteifenden Wandscheiben bestehen aus BauBuche Platten und als Bodenverlegemuster wurden lange Bodenelemente rechtwinkelig verlegt. (Entwurf: Architekten Hermann Kaufmann ZT GmbH. Dimensionierung: merz kley partner ZT GmbH)

3 Die BauBuche – Produkte

Die BauBuche wird zunächst in drei Produktkategorien angeboten.

Abb. 3   BauBuche Produkte

BauBuche S/Q: Das Furnierschichtholz ist sowohl faserparallel verleimt (BauBuche S) als auch mit circa 20 % Querlagen (BauBuche Q) erhältlich. BauBuche S wird vorwiegend zur Ausbildung stabförmiger Bauteile eingesetzt. Dazu werden die Platten in Längsrichtung aufgetrennt um Träger mit »kleinen« Querschnitten bis zu 80 mm Breite zu gewinnen. Die BauBuche Q wird für flächige Tragelemente, wie zum Beispiel lastabtragende Wandscheiben und als Komponente von zusammengesetzten Bauteilen, wie Hohlkastenträger oder Rippenplatten, eingesetzt. Dank der Querlagen haben auch große Formate eine hohe Verzugsstabilität. Die BauBuche Platten werden in den Standardstärken 40, 60 und 80 mm und Breiten bis 1850 mm produziert. Als größte Standardlänge werden 18 m erhältlich sein. Durch die Herstellung auf einer kontinuierlichen Presse sind aber auch größere Längen möglich.

BauBuche GL70 wird aus faserparallel verleimten, 40 mm dicken BauBuche S Lamellen hergestellt. Dank seiner hohen Festigkeit ermöglicht BauBuche GL70 schlanke Konstruktionen für hohe Lasten und große Spannweiten. Bei BauBuche GL70 zeigen die Seitenflächen das Furnierlagenbild; Ober- und Unterseite hingegen die Laubholzoberfläche. BauBuche GL70 wird mit einer Querschnittsbreite von 50 bis 300 mm, mit einer Querschnittshöhe von 80 bis 600 mm und in Längen bis 18 m angeboten. Eine Erweiterung der Zulassung für Querschnitte mit größeren Querschnittshöhen und Längen bis 35 m ist vorgesehen.

BauBuche Paneel zeigt die Furnierlagen senkrecht zur Oberfläche und eignet sich als Tischplatte, robuste Arbeitsfläche, Decken- und Wandverkleidung, Treppenstufe sowie als eleganter Holzboden mit der Härte eines Industriefußbodens. BauBuche Paneele können wie massives Laubholz bearbeitet werden und sind durch das schöne Furnierlagenbild prädestiniert für sichtbare Anwendungen. Die geschliffenen Oberflächen lassen sich zudem sehr gut weiter veredeln. Das BauBuche Paneel wird in Stärken zwischen 3 mm und 50 mm, in Breiten bis 680 mm und in Längen bis 16,5 m erhältlich sein.

4 Die Herstellung der BauBuche

Für die Herstellung der BauBuche hat Pollmeier in ein ganz neues Furnierschichtholzwerk in Creuzburg/ Thüringen investiert. Damit ist Pollmeier der erste Hersteller weltweit, der Laubholz industriell zu Furnierschichtholz verarbeitet.

Zunächst werden die Stämme 48 Stunden bei circa 80 °C im Heißwasserbad behandelt, um das Holz für den Schälprozess vorzubereiten. Dafür gibt es insgesamt sechs Kochgruben mit einem Fassungsvermögen von jeweils circa 150 m³.

Abb. 4   Kochgruben

Anschließend werden aus den gekochten Buchenstämmen die ca. 3,5 mm starken Furniere rotierend geschält. Dieses spanlose Verfahren bietet eine optimale Rohstoffausnutzung und ist der effizienteste Weg, um aus dem zylinderförmigen Stamm einen „eckigen" Werkstoff herzustellen. Die Schälmaschine wurde von dem finnischen Hersteller Raute Corporation gebaut.

Abb. 5   Furnierschäler

Die Furniere werden dann in einem Durchlauftrockner innerhalb von 15 Minuten auf die Zielholzfeuchte von 4% gebracht. Der Furniertrockner kommt ebenfalls vom Hersteller Raute, hat eine Gesamtlänge von 48 m, 6 übereinanderliegenden Etagen und eine Kapazität von 23 m³/ Stunde.

Abb. 6   Furniertrockner

Abb. 7   Furniertrockner

In der Furnierlegeanlage erfolgen der Leimauftrag und das Legen der Furniere zur Endlosplatte. Die Furnierlegeanlage wurde auch vom Hersteller Raute gebaut und hat eine Leistung von 25 Furnieren/ Minute.

Abb. 8   Furnierlegeanlage

Nach dem Legen läuft die Platte zunächst durch eine Mikrowelle und wird auf ca. 70°C vorgewärmt. Danach fährt die Platte in die ContiRoll Presse, die stärkste kontinuierliche Presse, die Hersteller Siempelkamp je gebaut hat. Die Presse ermöglicht Plattenstärken zwischen 20 mm und 80 mm. Die beheizte Fläche hat eine Gesamtlänge von 60 m. Hier werden während der Durchlaufzeit von circa 30 Minuten und unter einem Pressdruck von bis zu 5 N/mm² die BauBuche Platten verklebt – das Ausgangsmaterial für alle weiteren BauBuche-Produkte.

Abb. 9   ContiRoll Presse

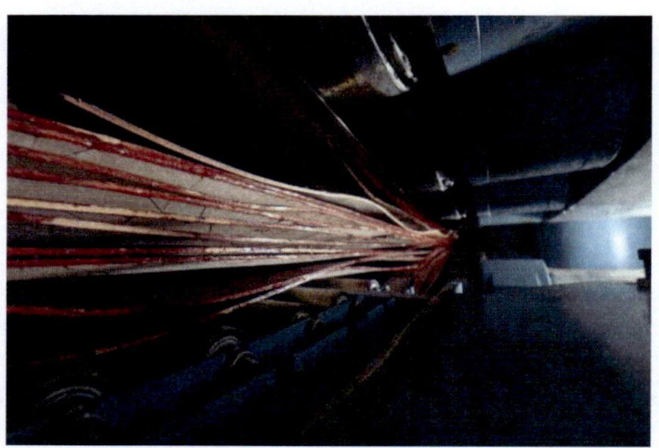

Abb. 10   ContiRoll Presse

Abb. 11   ContiRoll Presse

Die wirtschaftliche, hoch automatisierte Serienfertigung der BauBuche sowie die gute Ausnutzung des Rohstoffs ermöglichen einen attraktiven Preis. Buchen-Furnierschichtholz wird als Träger für circa 700,- EUR/m^3 ab Werk erhältlich sein! Berücksichtigt man die möglichen Materialeinsparungen, dann liegen Konstruktionen aus Laubholz preislich auf dem gleichen Niveau wie herkömmliche Nadelholzkonstruktionen.

5   Autor

Ralf Pollmeier
Pollmeier Massivholz GmbH & Co.KG
Pferdsdorfer Weg 6, 99831 Creuzburg

Kontakt:
Telefon: +49 36926 945-101
Fax: +49 36926 945-91101
www.pollmeier.com

Buchenfurnierschichtholz – Leistungsmerkmale, Anwendung und Entwicklungsmöglichkeiten

Markus Enders-Comberg

Matthias Frese

Zusammenfassung

Die Bestrebungen, Furnierschichtholz aus Buche industriell herzustellen und die damit einhergehende Zulassung als Bauprodukt wurden mit Interesse von Architekten und Tragwerksplanern verfolgt. Der nicht nur für den Ingenieurholzbau neue Werkstoff Buchenfurnierschichtholz bietet herausragende Festigkeitswerte und weitere Leistungsmerkmale, die eine breite Anwendbarkeit erwarten lassen. Der Tagungsbeitrag möchte den Werkstoff vorstellen, Bemessungsrichtlinien nahebringen und zukunftsfähige Entwicklungsmöglichkeiten aufzeigen.

1 Einleitung

Buchenfurnierschichtholz (*Buchen-FSH*) ist ein Baustoff, der architektonische Ansprüche erfüllt und zugleich ein technisch-modernes und effizientes Bauprodukt für den Ingenieurholzbau darstellt. Mit der allgemeinen bauaufsichtlichen Zulassung Z-9.1-838 [1] ist die Verwendbarkeit und Anwendbarkeit von Buchen-FSH für stabförmige und flächige Tragwerke seit September 2013 im Sinne der Landesbauordnung nachgewiesen. Das Material (vgl. Abb. 1) darf als Platte und Scheibe beansprucht werden. „Buchen-FSH längslagig" (Typ S) wird nur aus längslaufenden Furnierlagen und „Buchen-FSH querlagig" (Typ Q) aus vorwiegend Längs- sowie einigen Querlagen hergestellt. Mit der im Dezember 2013 folgenden Zulassung Z-9.1-837 [2] ist auch BS-Holz aus Buchen-FSH baurechtlich geregelt. Es besteht aus mindestens drei flachseitig miteinander verklebten Lamellen, weist aber keine Keilzinkenverbindungen in den Lamellen auf. Für die Bemessung und Ausführung von mit den Furnierschichthölzern nach [1] und [2] hergestellten Holzbauwerken gilt Eurocode 5 [3] in Verbindung mit dem Nationalen Anhang [4].

Baustoffe für tragende Bauteile im Ingenieurholzbau werden bis heute aufgrund der Normensituation, des geringeren Preises und der einfacheren Bearbeitbarkeit überwiegend aus Nadelhölzern hergestellt. Zu solchen Baustoffen zählen insbesondere BS-Holz, BSP, KVH, aber auch FSH aus Fichte und Kiefer. FSH weist unter den Holzwerkstoffen die höchsten Zugfestigkeiten in Faserrichtung auf, nicht zuletzt aufgrund der hohen Homogenisierung durch den in etliche Furnierlagen gegliederten Aufbau.

Waldbauliche Veränderungen der Vergangenheit führen zu einer Verlagerung im Holzangebot zugunsten des Laubholzes, insbesondere des Buchenstammholzes mit durchschnittlicher Qualität. Dieses Rohholz bringt gute Voraussetzungen für die FSH-Herstellung mit: Es ist lokal verfügbar; es lässt sich gut dämpfen und schälen sowie verkleben (Aspekte, die aus der Sperrholz-Herstellung bereits bekannt sind); ein gegenüber Fichte und Kiefer entscheidender Vorteil ist die hohe Zugfestigkeit des fehlerfreien Buchenholzes, die Buchen-FSH (Typ S) Zugfestigkeiten zwischen 70 und 100 N/mm² verleiht.

In diesem Umfeld sind durch die Pollmeier Massivholz GmbH & Co. KG initiiere Aktivitäten im Zusammenhang mit Buchen-FSH zu sehen (z. B.

[5]), die zunächst die materielle und wissenschaftliche Grundlage der eingangs genannten Zulassungen bildeten und sich mittlerweile auf weitere zu erforschende Anwendungsbereiche ausdehnen.

Im vorliegenden Beitrag werden Leistungsmerkmale von Buchen-FSH und die in den Zulassungen angegebenen Kennwerte und Regelungen vorgestellt. Mit vergleichenden Anwendungsbeispielen werden die mechanischen Charakteristika von Buchen-FSH erläutert, um den Anwender mit dem Baustoff vertraut zu machen. Dass das Potenzial von Buchen-FSH mit den nach aktuellen Bemessungsregeln möglichen Anwendungen noch nicht ausgeschöpft ist, zeigen am Schluss des Beitrags einige aktuelle vielversprechende Forschungsergebnisse des Karlsruher Instituts für Technologie.

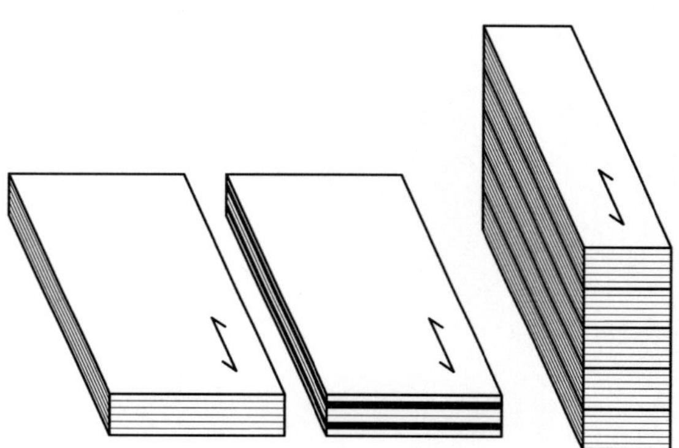

Abb. 1   *Produkte aus Buchen-FSH: Platte Typ S, Platte Typ Q und Brettschichtholz*

2 Leistungsmerkmale

2.1 Allgemeines

Zum Vergleich von Buchen-FSH mit im Bauwesen gängigen Werkstoffen wie Nadelholz, Beton und Baustahl ist in Tab. 1 die Reißlänge angegeben. Sie ist ein theoretischer Vergleichswert (kein Zulassungswert), der hier das Festigkeits-Rohdichte-Verhältnis von Buchen-FSH innerhalb der vorgenannten Baustoffe verdeutlicht. Die Reißlänge entspricht der Länge eines frei hängenden Körpers aus einem Werkstoff mit konstantem Querschnitt, bei dem die Zugfestigkeit nur unter Einwirkung der eigenen Gewichtskraft erreicht wird. In Tab. 1 sind beispielhaft die mittlere Rohdichte und die charakteristische Zugfestigkeit für die Werkstoffe Nadelholz (C24), Beton (C30/37), Baustahl (S235) und Buchen-FSH (Typ S) zusammengestellt. Mit diesen Werten wurde die „charakteristische Reißlänge L_k" nach der folgenden Gleichung bestimmt:

$$L_k = \frac{f_{t,k} \cdot 1000}{\rho_{mean} \cdot g} \quad \text{in km}$$

Tab. 1 *Reißlängen verschiedener Werkstoffe*

Werkstoff	$f_{t,k}$ [1]	ρ_{mean} [2]	g [3]	L_k [4]
	in N/mm²	in kg/m³	in m/s²	in km
Nadelholz C24	14	420	9,81	3,4
Beton C30/37	2	2400	9,81	0,09
Baustahl S235	360	7850	9,81	4,7
Buchen-FSH Typ S	70	740	9,81	9,6

[1] *Char. Zugfestigkeit*   [2] *Mittlere Rohdichte*
[3] *Erdbeschleunigung*   [4] *Char. Reißlänge*

Innerhalb der hier betrachteten Baustoffe weist Buchen-FSH Typ S mit Abstand den höchsten Wert auf. Das demnach günstige Verhältnis zwischen Festigkeit und Eigengewicht kann insbesondere bei weit gespannten Tragwerken von Nutzen sein.

Abschnitt 2 behandelt nachfolgend die wichtigsten, in den Zulassungen ([1] und [2]) festgelegten Festigkeits- und Steifigkeitskennwerte sowie Besonderheiten der Bemessung von Bauteilen aus Buchen-FSH.

2.2 Festigkeits- und Steifigkeitswerte

Das Deutsche Institut für Bautechnik (DIBt) kann auf Grundlage von Versuchsergebnissen oder vorliegenden Erfahrungswerten eine allgemeine bauaufsichtliche Zulassung erteilen, in der der Anwendungsbereich, die Anforderungen, Hinweise für die Berechnung und Ausführung, die Kennzeichnung und die Überwachung eines Produktes (Zulassungsgegenstand) geregelt sind (nach [6]).

Die für eine Bauteilbemessung relevanten Festigkeitswerte sind in den vorgenannten Zulassungen festgelegt und diesen zu entnehmen. In der nachfol-

genden Tabelle (Tab. 2) sind einige charakteristische Festigkeitswerte von Buchen-FSH denjenigen von Brettschichtholz der Festigkeitsklasse GL 28h gegenübergestellt und nachfolgend kurz erläutert.

Tab. 2 *Auswahl charakteristischer Festigkeiten von Buchen-FSH und BSH aus Nadelholz in N/mm²*

	Buchen-FSH	GL 28h	Quotient
$f_{m,k}$	70 (Typ S)	28	2,5
$f_{t,0,k}$	70 (Typ S)	20,8	3,4
$f_{v,k}$	9* (Typ S/Q)	2,5*	3,6
$f_{t,90,k}$	17 (Typ Q)	0,5	34

* k_{cr} berücksichtigt

Der Vergleich in Tab. 2 verdeutlicht ein hohes Potenzial von Buchen-FSH. Die charakteristische Biegefestigkeit beträgt beim Typ S das 2,5-fache im Vergleich mit BS-Holz der Festigkeitsklasse GL 28h, beim Typ Q (als Platte) beträgt der Faktor noch 1,6. Die hohe Zugfestigkeit von Buchen-FSH längslagig von 70 N/mm² ermöglicht Zugstäbe mit vergleichsweise kleinem Bauteilquerschnitt, solange die Kräfte zuverlässig von den Verbindungen aufgenommen werden können (vgl. Abschnitt 3.2 und 3.3). Die charakteristische Schubfestigkeit des Typs S und Q beträgt bei Scheibenbeanspruchung 9,0 N/mm² und bei Plattenbeanspruchung 3,3 N/mm². Die Schubfestigkeit von BSH aus Buchen-FSH beträgt 4,4 N/mm² (Rissfaktor k_{cr} stets 1,0). Der große Vorteil des mit Querlagen versehenen Furnierschichtholzes Typ Q ist die Formstabilität und die Querbewehrung durch einen Querlagenanteil von etwa 17 bis 33 % (je nach Plattenaufbau). Durch die Anordnung von Querlagen erhöht sich die Querzugfestigkeit signifikant von 1,5 N/mm² für Typ S auf 17 N/mm² für Typ Q. Dieser Typ ist daher für querzugbeanspruchte Bauteile besonders geeignet.

Zu beachten ist, dass viele Festigkeitswerte durch Beiwerte abzumindern sind oder erhöht werden dürfen. Hinweise hierzu finden sich im Abschnitt 2.4.

Die in Tab. 3 dargestellten Steifigkeitskennwerte liegen im Vergleich mit Nadelholz etwas höher (Typ Q stellt jedoch eine Ausnahme dar). Die Unterschiede fallen allerdings nicht so deutlich aus wie bei den Festigkeitskennwerten. Die vom Verwendungszweck abhängige Bedeutung der Steifigkeit verdeutlicht ein Berechnungsbeispiel in Abschnitt 3.1.

Tab. 3   Auswahl von mittleren Steifigkeitskennwerten in N/mm²

	Typ S	Typ Q	BSH aus Bu-FSH	BSH (GL 28h)
$E_{0,mean}$	16.800	11.800	16.700	12.100
$E_{90,mean}$	470	3.700	470	300
G_{mean}	760 (Scheibe) 850 (Platte)	890 (Scheibe) 430 (Platte)	850	650

2.3 Nutzungsklasse

Anders als Buchen-BSH nach Z-9.1-679 [7] darf Buchen-FSH auch in Nutzungsklasse 2 verwendet werden und kann vom Planer für wesentlich mehr Anwendungsfälle in Betracht gezogen werden. Generell hat der Feuchtegehalt einen signifikanten Einfluss auf das Kriechverhalten, die mechanischen Eigenschaften und die Dauerhaftigkeit von Holz und sollte in der Bemessung berücksichtigt werden. Eine Unterscheidung von Festigkeitskenngrößen in den NKL 1 und 2 ist für Buchen-FSH nicht erforderlich, das ausgeprägtere Kriechverhalten ist hingegen mit unterschiedlichen k_{def}-Faktoren von 0,6 (NKL 1) bzw. 0,8 (NKL 2) zu erfassen. Da bei Bauteilen in NKL 2 davon auszugehen ist, dass die mittlere Holzfeuchte unter 20 % verbleibt, ist ein Pilzbefall in der Regel auszuschließen. Aufgrund der Einstufung des Buchenholzes als nicht resistent (Dauerhaftigkeitsklasse 5), ist auf ein entsprechend trockenes Umgebungsklima zu achten. Zudem sind starke klimatische Veränderungen während der Phase zwischen Herstellung des Buchen-FSH und Gebäudenutzung zu vermeiden. Da durch den Produktionsprozess eine sehr geringe Holzfeuchte von etwa 7 % erreicht wird, ist ein weiteres Schwinden nach dem Einbau nahezu ausgeschlossen. Die relativ hohen Schwind- und Quellmaße quer zur Faserrichtung des Deckfurniers von 0,32 % je 1 % Feuchteänderung gelten nur für den Typ S und BSH aus Buchen-FSH. Durch die Verklebung einzelner Querlagen im Typ Q reduziert sich der Wert in Furnierebene auf etwa ein Zehntel.

Das Schwind- und Quellmaß in Faserrichtung des Deckfurniers wird sowohl für Typ S als auch für Typ Q zu 0,01 %/% angenommen.

In Abb. 2 ist zur Verdeutlichung der Formstabilität ein Treppenversatz aus Buchenfurnierschichtholz des Typs S dargestellt. Nach dem Abbund wiesen die Bauteile eine mittlere Holzfeuchte von 7 % auf. Sie wurden anschließend über einen Zeitraum von vier Monaten in einer Klimakammer konditioniert, bis sich eine konstante Holzfeuchte von 14 % einstellte, die einem möglichen Klima der NKL 2 entspricht. Im vorliegenden Fall stellten sich nur geringe und für den Treppenversatz damit unbedenkliche Quellverformungen ein.

Abb. 2   Quellverhalten Treppenversatz; oben 7 % und unten 14 % Holzfeuchte

2.4 Besonderheiten BSH aus Buchen-FSH, Typ S und Typ Q

- Nachfolgend werden die wichtigsten Besonderheiten und Unterschiede zwischen den Werkstoffen Typ S, Typ Q und BSH aus Buchen-FSH erläutert:

- Typ Q: Obwohl der Querlagenanteil nach [1] je nach Aufbau zwischen 17 und 33 % variieren kann, sind einheitliche Festigkeitswerte für den Typ Q angegeben. Die konservativ gewählten Werte gelten für die Plattendicken 20, 40, 60, 80 und 100 mm.

- Typ Q: Die geringere Spaltgefahr bei FSH mit Querlagen wirkt sich positiv bei der Bemessung von in Faserrichtung hintereinander angeordneten Stabdübeln aus. Es darf $n_{ef} = n$ angesetzt werden.

- Typ Q: Die Quell- und Schwindmaße in Richtung der Querlagen werden auf ein Minimum reduziert (s. Abschnitt 2.3), ausgenommen davon ist die Richtung rechtwinklig zur Plattenebene.

- Typ S und BSH: In Faserrichtung der Deckfurniere weisen die Bauteile sehr hohe Festigkeits- und Steifigkeitskennwerte auf.

- Typ Q: Festigkeits- und Steifigkeitskennwerte parallel zur Haupttragrichtung sind vergleichbar mit denjenigen von z. B. BSH aus Nadelholz. Die vergleichsweise hohen Festigkeitskennwerte rechtwinklig zur Haupttragrichtung des Typs Q sind sehr vorteilhaft bei querzugbeanspruchten Bauteilbereichen (z. B. Ausklinkungen, gekrümmte Bereiche, Generalkeilzinkenstöße, Durchbrüche, spaltgefährdete Bereiche, usw.).

- Die Schub-, Querdruck- und Querzugfestigkeit ist stark davon abhängig, ob stehende (Scheibenbeanspruchung) oder liegende Furnierlagen (Plattenbeanspruchung) vorliegen. Der Wert des Schubmoduls hängt ebenfalls von der Art der Beanspruchung ab.

- Typ S und Q: Als Platten hergestellte Bauteile sind bis zu einer Breite von 1850 mm zulässig, wobei die Plattendicke auf 100 bzw. 120 mm begrenzt ist. Für breitere Träger ist ggf. BSH aus Buchen-FSH geeignet, das bis zu einer Breite von 300 mm und Höhe von 600 mm erhältlich ist.

- Typ S und Q: Der Wert $f_{m,k}$ und $f_{t,0,k}$ ist ggf. mit den Beiwerten k_h und k_l abzumindern.

- Typ S/Q und BSH: Wenn NKL 1 sichergestellt ist, darf der Wert $f_{c,0,k}$ und $f_{c,90,k}$ mit dem Faktor 1,2 erhöht werden.

- BSH: Da die in den Zulassungen aufgeführten Festigkeitswerte auf Versuchsergebnissen mit Versuchskörpern der Höhe 600 mm beruhen und ein günstiger Volumeneinfluss bei kleineren Bauteilabmessungen angenommen wird, dürfen die Festigkeitswerte $f_{m,k}$, $f_{v,k}$, $f_{t,0,k}$ und $f_{c,0,k}$ für kleine-

re Bauteilabmessungen durch Beiwerte erhöht werden.

- Bei der Bemessung von Verbindungen sind je nach Anordnung der Verbindungsmittel Abminderungsfaktoren zu berücksichtigen (vgl. Tabelle 1 in [1]). In Abschnitt 3.2 wird die Abminderung der Lochleibungsfestigkeit bei einer Stabdübelverbindung beispielhaft betrachtet.

- Der Druckbeiwert für die Druckfestigkeit quer zur Faser $k_{c,90}$ und der Rissfaktor für die Beanspruchbarkeit auf Schub k_{cr} darf für Buchen-FSH zu 1,0 angenommen werden.

2.5 Besonderheit Buchenholz

Die charakteristische Rohdichte von Buchen-FSH wird mit 680 kg/m³ angegeben und liegt geringfügig über dem Wert von Buchen-Brettschichtholz nach [7]. Der Mittelwert der Rohdichte kann zu 740 kg/m³ angenommen werden. Blaß und Streib [8] empfehlen, das Eigengewicht von Bauteilen aus Buchen-FSH mit einer Wichte von 8,0 kN/m³ zu berechnen, da der aktuell gültige Eurocode 1, Teil 1-1 [9] keinen Wert für die Wichte von Buchen-FSH angibt. Der durch die hohe Rohdichte bedingte große Eindring- bzw. Eindrehwiderstand und die daher erhöhte Gefahr des Verbindungsmittelversagens erfordert ein Vorbohren der Löcher für Nägel und auch für selbstbohrende Schrauben mit Bohrspitze, wodurch die Bauteilbearbeitung vergleichsweise aufwändig ist. Im Vergleich mit Nadelholz lässt sich Buchen-FSH jedoch wesentlich präziser und weitgehend ausrissfrei mittels Abbundmaschinen (Fräsen, Bohren usw.) bearbeiten (vgl. Abb. 3 und [10]).

Abb. 3   Ergebnis Abbund eines Treppenversatzes

3 Anwendung

3.1 Einfeldträger

Anhand eines Einfeldträgers (s. Abb. 4) werden die Vorzüge der hohen Biegefestigkeit des Buchen-FSH gegenüber BSH aus Nadelholz verdeutlicht und es wird zugleich darauf hingewiesen, dass unter Berücksichtigung der Gebrauchstauglichkeit die Steifigkeit des Systems ein begrenzender Faktor sein kann.

Annahmen:

- Einfeldträger, Spannweite L = 10 m

- BSH: GL 24h mit B / H = 200 mm / 400 mm

- Belastung q, sodass die Biegetragfähigkeit des BSH-Querschnitts der Festigkeitsklasse GL 24h zu 100 % ausgenutzt ist.

Gesucht:

- Alternative Trägerquerschnitte bestehend aus BSH aus Buchen-FSH der Festigkeitsklasse GL 70

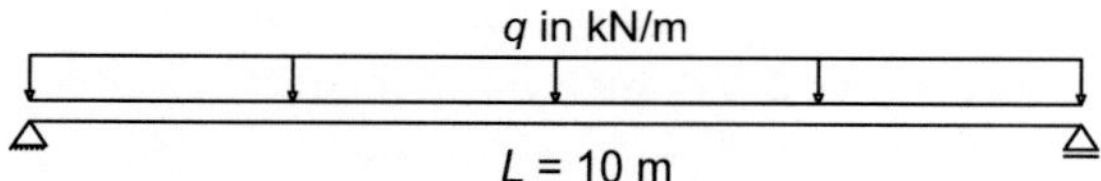

Abb. 4   Statisches System

Nach Gleichung (6.11) des Eurocode 5 [3] können mithilfe der getroffenen Annahmen Querschnitte aus Buchen-FSH bestimmt werden, die die gleiche Biegetragfähigkeit wie der BSH-Träger der Festigkeitsklasse GL 24h aufweisen. Ein mögliches Stabilitätsversagen wird hier nicht betrachtet.

Aus den möglichen Varianten werden zwei Querschnitte ausgewählt, die entweder die gleiche Höhe oder die gleiche Breite wie der Ausgangsträger aufweisen. Die Ergebnisse sind in Abb. 5 dargestellt. Demnach kann die Ursprungsbreite um 131 mm auf etwa ein Drittel reduziert oder die Höhe des Trägers

auf 235 mm minimiert werden, um die gleiche Biegetragfähigkeit des 10 m weit gespannten Einfeldträgers zu erreichen. Die Materialersparnis durch die Verwendung von Buchen-FSH liegt somit zwischen 66 und 41 %.

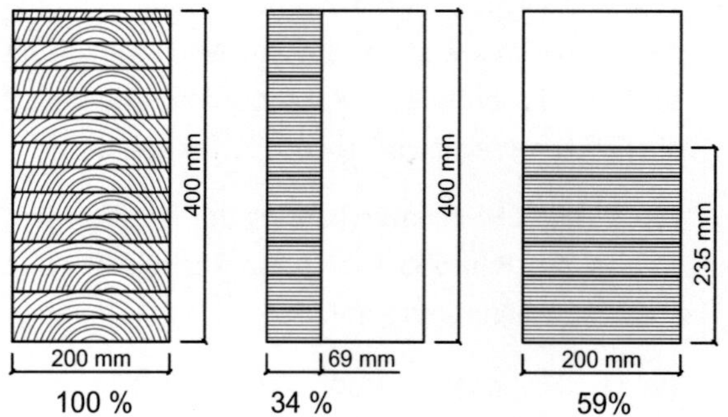

Abb. 5   Mögliche Balkenquerschnitte mit Angabe der Querschnittsfläche im Verhältnis zum Ausgangsträger (GL 24h)

Neben den Anforderungen an die Tragwerkssicherheit, behandelt der Eurocode 5 [3] auch die Anforderungen an die Gebrauchstauglichkeit. Grenzzustände der Gebrauchstauglichkeit sind Zustände, bei deren Überschreiten die Funktion des Tragwerks nicht mehr gegeben oder zumindest eingeschränkt ist. Im Falle des Einfeldträgers könnte dies die Durchbiegung u sein. Diese soll für die gewählten Querschnitte in Abb. 5 für eine Belastung q = 1,0 kN/m (Eigengewicht unberücksichtigt) wie folgt bestimmt werden:

$$u = \frac{5}{384} \cdot \frac{q \cdot L^4}{E_{0,mean} \cdot I} \quad \text{in mm}$$

Tab. 4   Mittendurchbiegung u des Einfeldträgers

Material	Breite in mm	Höhe in mm	$E_{0,mean}$ in N/mm²	u in mm
GL 24h	200	400	11.500	10,6
GL 70	69	400	16.700	21,2
GL 70	200	235	16.700	36,0

Die in Tab. 4 dargestellten Durchbiegungen zeigen, dass die Querschnittsverringerungen trotz höherer Steifigkeitskennwerte eine deutliche Verformungszunahme zur Folge haben. Sie betragen das 2- bzw.

3,4-fache im Vergleich mit dem Referenzträger aus Brettschichtholz der Festigkeitsklasse GL 24h.

3.2 Zugstabanschluss

In diesem Abschnitt wird beispielhaft ein Zugstabanschluss mit einer Stahlblech-Holz-Verbindung betrachtet. Das eingeschlitzte Stahlblech ist mit Stabdübeln mittig im Zugstab aus Buchen-FSH befestigt. Es werden die Varianten „Typ S" (Buchen-FSH aus stehenden Lamellen) und „Typ BSH" (BSH aus Buchen-FSH) miteinander verglichen, s. Abb. 6. Auf Besonderheiten der Bemessung wird hingewiesen.

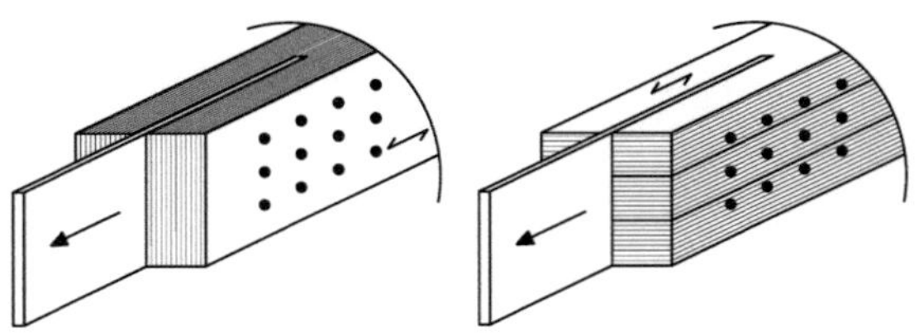

Abb. 6   Zugstab Variante „Typ S" (links) und „Typ BSH" (rechts)

Bei der Bemessung von Stabdübelverbindungen ist die Lochleibungsfestigkeit ggf. abzumindern. Das Maß der Abminderung ist von der Einbringrichtung des Verbindungsmittels, der Beanspruchungsrichtung und vom Verbindungsmitteltyp abhängig. Entsprechende Details enthält Tabelle 1 in [1]. Zum Beispiel muss bei Verwendung von Stabdübeln oder Bolzen die Lochleibungsfestigkeit gemäß Abb. 7 abgemindert werden.

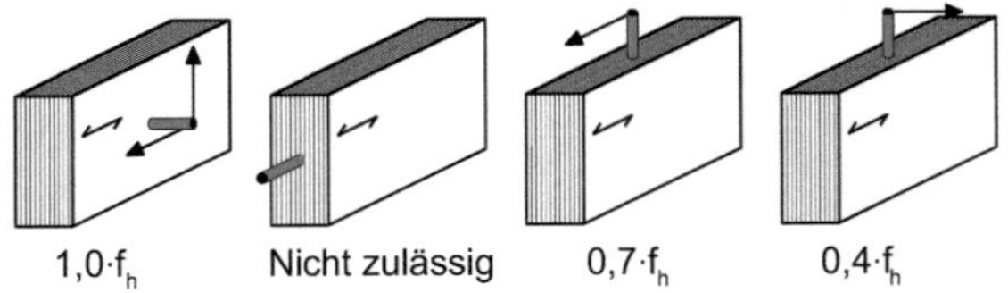

Abb. 7   Anwendungsbereiche und Abminderungsfaktoren für die Bemessung von Stabdübel- und Bolzenverbindungen in Buchen-FSH

Folgende Annahmen werden für die beiden in Abb. 6 gewählten Varianten getroffen:

- B / H = 120 mm / 120 mm

- Blechdicke t = 10 mm (S355)

- 3 x 4 Stabdübel Ø 10 mm (S355)

- Mindestabstände sind eingehalten

- Keine Furnierquerlagen

- k_{mod} = 0,9

Gesucht sind die jeweiligen Tragfähigkeiten der in Abb. 6 dargestellten Verbindungen.

Die Bemessung der Verbindung erfolgt nach Eurocode 5 [3] in Verbindung mit dem Nationalem Anhang [4]. Dieser berücksichtigt im Hinblick auf die Theorie von Johansen neben dem Fließmoment des Verbindungsmittels auch Bauteilabmessungen und die Lochleibungsfestigkeit des verwendeten Holzes. Hierbei gilt:

$$f_{h,\alpha,k} = \frac{0,082 \cdot (1 - 0,01 \cdot d) \cdot \rho_k}{k_{90} \cdot \sin^2\alpha + \cos^2\alpha} \quad \text{in N/mm}^2$$

$$f_{h,0,k} = \frac{0,082 \cdot (1 - 0,01 \cdot 10) \cdot 680}{1} = 50,2 \text{ N/mm}^2$$

Nach Abb. 7 ist die Lochleibungsfestigkeit für „Typ BSH" auf 70 % abzumindern und darf im Folgenden nur mit 35,1 N/mm² in Rechnung gestellt werden. Zudem müssen mehrere auf Abscheren beanspruchte Verbindungsmittel, die hintereinander in Faserrichtung angeordnet sind, mit einer wirksamen Verbindungsmittelanzahl n_{ef} (hier n_{ef} = 2,74) berücksichtigt werden. Die Bemessungswerte der Tragfähigkeiten der Zugstäbe sind nach Eurocode 5 [3] bestimmt und ebenfalls in Tab. 5 angegeben.

Tab. 5   Bemessungswerte der Tragfähigkeit in kN

Material	Verbindung $F_{v,Rd,ges}$	Holz $F_{t,Rd}$	Stahl $N_{R,d}$
Typ S	142	480	307
Typ BSH	100	443	307

Die Ergebnisse zeigen, dass die hohe Zugtragfähigkeit des Furnierschichtholzes mit der gewählten Verbindung nicht ausgenutzt werden kann. Durch Querlagen (Typ Q) oder eingedrehte Schrauben als Querbewehrung könnten die wirksame Verbindungsmittelzahl optimiert (n_{ef} = n) und weitere Stabdübel in Zugstablängsachse angeordnet werden, bis die Stahltragfähigkeit oder die Zugtragfähigkeit des Holzes maßgebend wird. Die Abminderung der Lochleibungsfestigkeit nach Abb. 7 wirkt sich beträchtlich auf die berechnete Tragfähigkeit der Verbindung aus und verdeutlicht die Relevanz einer geschickten Wahl des Werkstoffs im Vorfeld (sofern es die Bauteilabmessungen zulassen) und die Ausrichtung der Verbindungsmittel. Die Verwendung von ausziehfesten Verbindungsmitteln bringt einen zusätzlichen Tragfähigkeitsgewinn durch den positiven Einfluss des Einhängeeffekts, der in dem hier gewählten Beispiel nicht berücksichtigt werden darf, da die gewählten Stabdübel theoretisch keinen Ausziehwiderstand im Holz besitzen.

3.3 Druckstabanschluss

Das folgende Beispiel zeigt die Optimierung eines Stirnversatzes aus Nadelholz (GL 28h). Hierfür wurde zum einen ein alternativer Kontaktanschluss (Treppenversatz) gewählt und zum anderen sollte im Bereich des horizontalen Gurtbauteils Buchen-FSH vorgesehen werden, s. Abb. 8.

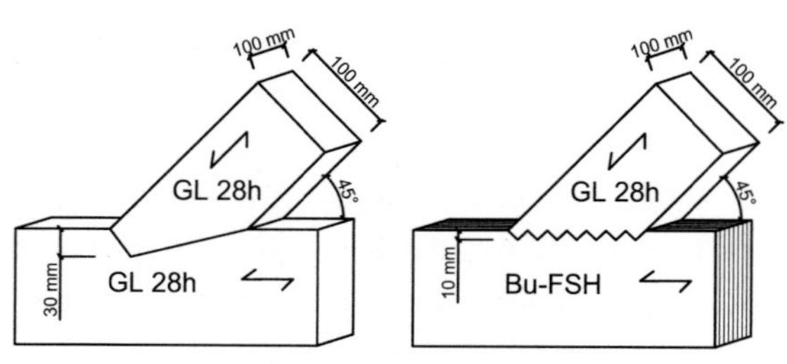

Abb. 8   Stirnversatz (links) und Treppenversatz (rechts)

Der Bemessungswert der Tragfähigkeit der Verbindung steigt durch die vorgenommenen Änderungen von 37 kN auf 125 kN. Zugleich wird durch die Druckübertragung mittels Treppenversatz die Querschnittsschwächung des Gurtes auf ein Drittel minimiert. Es kann zudem von einer mittigen Druckkraft in der Strebe ausgegangen werden; es wirkt daher kein Moment, das eine zusätzliche Beanspruchung für den Druckstab (Knickgefahr) darstellt. Dadurch kann unter der Annahme einer zwei Meter langen Druckstrebe und unter Berücksichtigung des Ersatzstabverfahrens nach Eurocode 5 [3] die Tragfähigkeit von 53 kN auf 125 kN mehr als verdoppelt werden.

den. Für die Tragfähigkeit des Treppenversatzes ist die Schubtragfähigkeit im Gurt maßgebend. Sie kann nach Enders-Comberg und Blaß [10] berechnet werden. Für die gekürzte Berechnung der Schubtragfähigkeit Rv,d, ohne mögliche Erhöhung der Schubfestigkeit aufgrund einer Querdrucküberlagerung, gilt:

$$R_{v,d} = \frac{k_{mod}}{\gamma_M} \cdot \frac{b \cdot h_S \cdot f_{v,k}}{\sin\alpha \cdot \cos\alpha}$$

$$= \frac{0,9}{1,3} \cdot \frac{100 \cdot 100 \cdot 9}{\sin 45° \cdot \cos 45°} = 125 \text{ kN}$$

Mit b Breite der Holzquerschnitte in mm

        h_S Höhe der Strebe in mm

        $f_{v,k}$ char. Schubfestigkeit in N/mm²

        α Strebenanschlusswinkel

Die ermittelte Widerstandskomponente $R_{v,d}$ wirkt in Strebenlängsrichtung und muss für den Nachweis der Tragfähigkeit der Druckstrebe größer sein als die einwirkende Normalkraft N_d in der Druckstrebe.

4 Entwicklungsmöglichkeiten

4.1 Allgemeines

Die Forschungsaktivitäten mit Buchen-FSH als Baustoff für tragende Zwecke fanden insbesondere an europäischen Forschungseinrichtungen statt. Sie führten Ende 2013 schließlich zu den bauaufsichtlichen Zulassungen [1] und [2]. Die gegenwärtige baurechtliche Regelung ist für die weitergehende Erforschung von Buchen-FSH und seinen Entwicklungsmöglichkeiten ein wichtiger Schritt: Erst die Planung und praktische Umsetzung von Buchen-FSH-Konstruktionen wird zu ersten Erfahrungen mit diesem Baustoff führen, aus denen sich Impulse für die weitergehende Erforschung von Buchen-FSH und wissenschaftliche Auseinandersetzung ergeben werden. Unabhängig davon wird schon jetzt in der Nutzung von Buchen-FSH für Fachwerkträger und Verstärkungen eine besonders materialgerechte Verwendung gesehen. An der Versuchsanstalt für Stahl, Holz und Steine des Karlsruher Instituts für Technologie wurden daher bereits gezielte Untersuchungen durchgeführt, die die Entwicklung und Bemessung von leistungsfähigen Zugstabanschlüssen für Buchen-FSH-Fachwerkträger und von mit

Buchen-FSH verstärktem BS-Holz betreffen. Die beiden folgenden Abschnitte enthalten die wesentlichen Ergebnisse dieser Untersuchungen.

4.2 Zugstabanschlüsse

Dem Anschluss zwischen Zugstäben und Gurten in Fachwerkträgern aus Buchen-FSH liegt der konstruktive Ansatz einer die Zugkraft übertragenden Gewindestange, die entweder zentrisch in den Zugstab eingedreht oder eingeklebt ist, zugrunde.

Eingedrehte Gewindestangen

Bei Verbindungen mit zur Stabachse parallel eingedrehten Gewindestangen (Holzgewinde) wurde die Ausziehtragfähigkeit für unterschiedliche FSH-Aufbauten (vgl. Tab. 6) und Einschraubtiefen ermittelt. Die Ergebnisse sind in einem Prüfbericht [11] dokumentiert. Neben Verbindungen mit einem kompakten Querlagenpaket (Reihe 1 und 2) im mittleren Bereich des Stabes wurden Verbindungen mit einem aufgelösten Querlagenbereich, bestehend aus vier einzelnen Querlagen, geprüft. Als Verbindungsmittel wurden Gewindestäbe SFS WB $\varnothing$ 16 mm nach allgemein bauaufsichtlicher Zulassung Z-9.1-777 [12] verwendet. Zur Vermeidung des Aufspaltens der Stabenden, wurden je Verbindung vier Vollgewindeschrauben $\varnothing$ 6 mm als Querzugverstärkung in mit $\varnothing$ 4 mm vorgebohrte Löcher an den Stabenden eingebracht.

Tab. 6   Übersicht der durchgeführten Versuche

Reihe	Querschnitt Maße in mm	L_{ef} in mm	$\varnothing$ Gewindestange in mm	Anzahl
1		200	16	5
2		300	16	5
3		200	16	5

In die symmetrisch aufgebauten Prüfkörper der Abmessungen $L / B / H$ = ~1300 / 64 / 60 mm wurde je Seite eine Gewindestange in ein vorgebohrtes Loch ($\varnothing$ 13 mm) im Bereich der Querlage eingeschraubt (Einschraubtiefe L_{ef} = 200 bzw. 300 mm). Der Randabstand in Faserrichtung der Querlage wurde zu a = 2·d gewählt. Die Breite des Prüfkörpers ergibt sich somit zu je 4·d = 64 mm. Die Prüfkörper wurden auf Zug beansprucht, vgl. Abb. 9. Zur Lasteinleitung wurden die freien Enden der Gewindestangen in die Spannbacken einer Prüfmaschine eingebaut. Die konstante Belastungsgeschwindigkeit betrug 60 kN/min.

Abb. 9   Versuchskörper im Prüfstand

Ein Versagen trat jeweils nur an einer der beiden Verbindungen ein, sodass insgesamt 15 Prüfkörper, aber 30 Verbindungen getestet wurden. Die Ergebnisse der Prüfungen sind in Tab. 7 aufgeführt. Neben der mittleren Höchstlast F_{max} sind der Ausziehparameter mit $f_{ax} = F_{max} / (d \cdot L_{ef})$ und die Ursache des Versagens angegeben. In den Abb. 10 und 11 sind jeweils zwei geprüfte Verbindungen der Reihen 1 und 3 dargestellt.

Tab. 7   Ergebnisse der faserparallel eingedrehten Gewindestangen (d = 16 mm und d_{Bohr} = 13 mm) in Buchen-FSH – Mittelwerte

Reihe	L_{ef} in mm	F_{max} in mm	f_{ax} in N/mm²	Versagen
1	200	95	29,6	R & S
2	300	99	–	S
3	200	92	28,8	H

R .. Rollschubversagen im Übergang von Querlage zu Längslagen
S .. Zugversagen Stahl
H .. Herausziehen der Gewindestange und Holzversagen in der Mantelfläche und zusätzliches Aufspalten

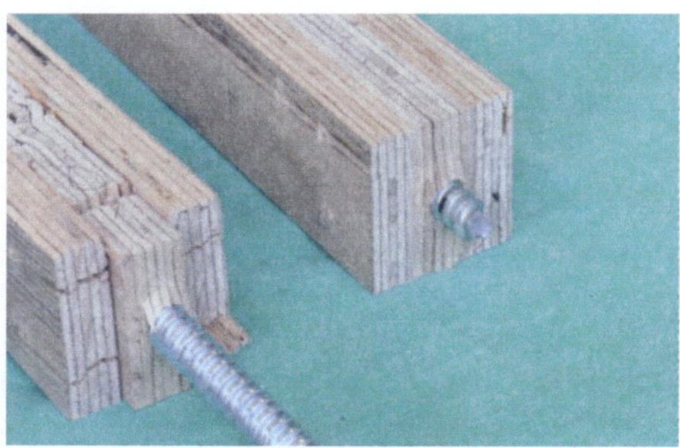

Abb. 10   Reihe 1: Rollschubversagen (links) und Stahlversagen (rechts)

Abb. 11   Reihe 3: Versagensformen der maßgebenden Verbindung

Die Ermittlung des Ausziehparameters bei einer Einschraubtiefe von 300 mm erfolgt nicht, da vor dem Erreichen der Tragfähigkeit der Verankerung des Gewindes mit der Holzmatrix die Zugtragfähigkeit des Stahlquerschnitts erreicht wurde. Der Ausziehparameter bei Verbindungen mit einer Einschraubtiefe von 200 mm beträgt $f_{ax} \approx 29$ N/mm².

Eingeklebte Gewindestangen

Bei Verbindungen mit zur Stabachse parallel eingeklebten Gewindestangen (metrisches Gewinde) wurde die Ausziehtragfähigkeit für unterschiedliche FSH-Aufbauten mit und ohne Querbewehrung der Stabenden ermittelt [13]. Neben Furnierschichtholz ohne Querlagen wurden auch Versuche mit Buchen-FSH durchgeführt, das im äußeren Drittel jeweils zwei Querlagen und im Bereich der Stabenden eine

zusätzliche Querzugbewehrung in Form von Vollgewindeschrauben besaß. Die zwei untersuchten Querschnittsvarianten zeigt Abb. 12.

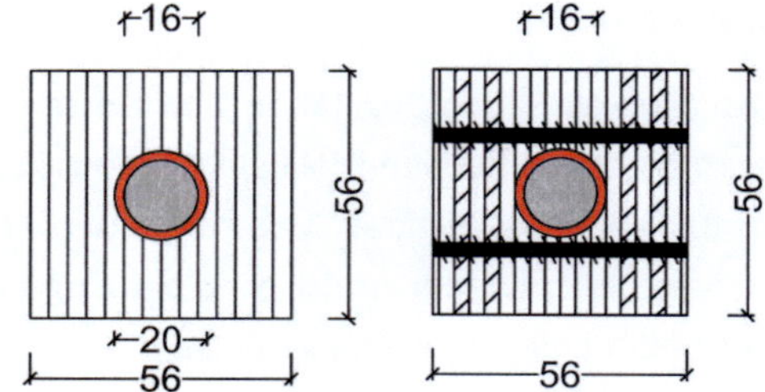

Abb. 12   Stabquerschnitte ohne (links) und mit Bewehrungen (rechts); Maße in mm

Die 700 mm langen stabförmigen Prüfkörper wiesen eine mittleren Rohdichte ρ_{mean} = 757 kg/m³ und eine mittlere Holzfeuchte u_{mean} = 6,4 % auf. Als Verbindungsmittel wurden Gewindestäbe M16 (Außendurchmesser d = 16 mm) der Festigkeitsklasse 8.8 verwendet, die in Bohrlöcher mit 20 mm Durchmesser eingebracht wurden. Für die Verklebung über eine Länge von L_{ad} = 160 mm wurde der Klebstoff „WEVO Spezialharz EP 32 S mit WEVO Härter B 22 TS" nach allgemeiner bauaufsichtlicher Zulassung Z-9.1-705 [14] verwendet. Die Stabquerschnitte mit Querlagen wurden analog zu den in Abschnitt 4.2 beschriebenen am Stabende mit vier Vollgewindeschrauben zur Querzugverstärkung versehen (s. Abb. 14, rechts). Die Ergebnisse der zehn Versuche, bei denen jeweils 2 einzelne Verbindungen geprüft wurden, sind in Tab. 8 angegeben. Die Tabelle enthält den Mittelwert des Ausziehwiderstands F_{max} und der Klebefugenfestigkeit

$$f_{k1} = \frac{F_{max}}{\pi \cdot d \cdot L_{ad}} \cdot$$

Zum Vergleich mit dem Ausziehparameter der eingeschraubten Gewindestangen in Abschnitt 4.2 ist ebenfalls die mit π multiplizierte Klebefugenfestigkeit angegeben.

Die mittleren axialen Steifigkeiten pro Verbindung betragen etwa 250 kN/mm. Die Versagensformen der maßgebenden Verbindung der symmetrisch aufgebauten Prüfkörper sind in Abb. 13 und 14 dargestellt. Es zeigt sich eine deutliche Tragfähigkeitssteigerung der Querschnitte mit Querlagen und Querzugbewehrungsschrauben gegenüber den Stabquerschnitten ohne Bewehrungen. Sie liegt zwischen 30 bis 40 % und belegt damit die tragfähigkeitsmindernde Wirkung des Spaltens. Es ist jedoch zu berücksichtigen, dass die Querlagen zu einer um 20 % geringeren Stabtragfähigkeit im Vergleich mit dem unverstärkten Querschnitt führen.

Tab. 8   *Ergebnisse der faserparallel eingeklebten Gewindestangen (M16; $d = 16$ mm und $d_{Bohr} = 20$ mm) in Buchen-FSH – Mittelwerte*

Anzahl	L_{ad} in mm	Verstärkung	F_{max} in kN	f_{k1} in N/mm²	πf_{k1} in N/mm²	Versagen
5	160	Nein	71	8,85	27,8	Sp
5	160	Ja	98	12,2	38,4	Sp & Sc

Sp .. Aufspalten am Zugstabende
Sc .. Scherversagen im Bereich der Verklebung entlang des Stabes

Der Vergleich der mittleren Tragfähigkeiten mit früher durchgeführten Versuchen mit BSH aus Nadelholz zeigt, dass durch die Verwendung von Buchen-FSH eine deutliche Tragfähigkeitssteigerung (38 %) erzielt wird. Des Weiteren bietet Buchen-FSH mit Querlagen und zusätzlichen Vollgewindeschrauben zur Querbewehrung optimale Voraussetzungen für Zugstäbe, die gegenüber Zugstäben aus BSH aus Nadelholz nahezu die doppelte Ausziehtragfähigkeit aufweisen.

Insgesamt stellen eingedrehte Gewindestangen eine tragfähige Alternative zu eingeklebten Gewindestangen dar, wobei die axiale Steifigkeit der eingedrehten Gewindestangen deutlich geringer ist ($K_{ax,Dreh,Bu\text{-}FSH} \approx 120$ kN/mm $< K_{ax,Kleb,Bu\text{-}FSH} \approx 250$ kN/mm). Angesichts der an sich überdurchschnittlich hohen Steifigkeitswerte darf diese Differenz aber nicht überbewertet werden.

4.3 Buchenfurnierschichtholz für Verstärkungslamellen von BS-Holz – Ergebnisse einer Simulationsstudie

Nachfolgend werden Simulationsergebnisse vorgestellt, die die Biegetragfähigkeit von mit Buchen-FSH verstärktem BS-Holz betreffen. Diese Ergebnisse stellen erfreulich hohe Tragfähigkeiten in Aussicht und mögen zunächst als Anstoß für weitere Forschungsaktivitäten mit dem Ziel einer baldigen baurechtlichen Regelung verstanden werden.

Eine auf hohe Biegetragfähigkeit ausgerichtete Materialvariation bei unsymmetrischem BS-Holz ist das Kombinieren von FSH-Lamellen (mit überdurchschnittlicher Zugfestigkeit) in der Zugzone und Fichten-BS-Holz im übrigen Trägerbereich, s. Abb. 15.

Abb. 13   *Versagensformen der maßgebenden Verbindungen der Versuchsreihe ohne Querlagen und ohne Verstärkung*

Abb. 14   *Versagensformen der maßgebenden Verbindungen der Versuchsreihe mit Querlagen und mit Querzugverstärkung*

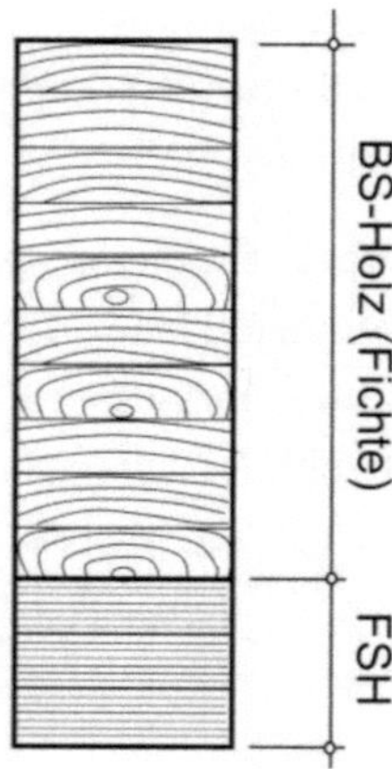

Abb. 15   FSH-verstärktes BS-Holz

Es handelt sich hierbei um eine aus mechanischer Sicht naheliegende Kombination, weil das spröde Zugversagen auf einem wesentlich höheren Spannungsniveau stattfindet, dessen Überlagerung mit einer Streuung der Festigkeit im Vergleich zu Vollholz auch noch deutlich gedämpft ist. Ein effektives Ausnutzen der Druckzone ist damit ebenfalls gegeben. Das Kombinieren von FSH mit BS-Holz war bereits Gegenstand der Forschungsarbeiten [15] und [16] und zählt in Nordamerika zum festen Bestandteil der BS-Holz-Normung [17]. Anwendungsgebiete für mit FSH verstärktes BS-Holz können sein:

- Sanieren von in der Zugzone gerissenen oder geschädigten biegebeanspruchten BS-Holz Bauteilen

- Ertüchtigen von BS-Holz-Bauteilen für höhere Nutzlasten

- Werksmäßiges Herstellen von Sonderbauteilen bzw. Objektbindern für weitgespannte Dachtragwerke

Buchen-FSH aus gleichgerichteten Furnieren (Typ S) eignet sich aufgrund seiner Zugfestigkeit von mindestens 70 N/mm² in besonderem Maße für Lamellen einer Zugzonenverstärkung. Mechanisch damit eng verwandt ist eine Verstärkung mit faserverstärkten Kunststoffen. Die bei Buchen-FSH um rund das Doppelte vom Betrage her höhere Zugfestigkeit – im Vergleich zur Druckfestigkeit des Fichten-BS-Holzes – führt bei der Beschreibung der Biegetragfähigkeit notwendigerweise zu Überlegungen, die unter anderem das frühzeitige Reißen des zu verstärkenden

BS-Holzes unmittelbar über der Verstärkung und eine jenseits der Proportionalitätsgrenze gestauchten Druckzone betreffen. Solche Bemessungsaspekte sind seit langem bekannt [18] und es liegen mittlerweile weit entwickelte Bemessungsansätze vor, z. B. [19].

Zum Zwecke einer orientierenden Studie über die Biegetragfähigkeit von mit Buchen-FSH verstärktem BS-Holz aus Nadelholz wurde zunächst eine Kleinserie von Keilzinkenverbindungen mit Buchen-FSH hergestellt und in Zugversuchen geprüft [20]. Darauf unmittelbar aufbauend wurde die Leistungsfähigkeit von verstärktem BS-Holz mittels Simulationen nachgewiesen. Die Simulationen wurden mit dem dafür eigens konfigurierten Karlsruher Rechenmodell durchgeführt, vgl. [21]. Im Rahmen dieser Studie bietet das folgende Vorteile:

- Ohne aufwändige Biegeversuche in Bauteilgröße lassen sich schnell und zuverlässig Anhaltswerte für die charakteristische Biegefestigkeit von mit Buchen-FSH verstärktem BS-Holz herleiten.

- Wesentliche Einflüsse auf die Biegefestigkeit, die sich aus unterschiedlichen Festigkeitsklassen des BS-Holzes, aus dem Aufbau oder einer von 12 % abweichenden Holzfeuchte ergeben, werden dabei gezielt untersucht.

- Das Simulieren von Festigkeitswerten, wobei einzelne Fallkonstellationen mit jeweils 1000 Einzelsimulationen untersucht werden, bietet enorme Kostenvorteile.

- Mit Simulationen werden besonders seltene Kombinationen aus verschiedenen Merkmalsausprägungen realisiert, die experimentell allenfalls durch Zufall oder nie erfahrbar wären.

Abb. 16 verdeutlicht den Zusammenhang zwischen dem ermittelten E-Modul der Keilzinkenprüfkörper und ihrer Zugfestigkeit. Die Darstellung zeigt, dass ordnungsgemäß verklebte Prüfkörper, vgl. Abb. 17, oben, Zugfestigkeiten zwischen 55 und 80 N/mm² aufweisen und damit nicht zu weit unterhalb der Zugfestigkeit des FSH-Materials liegen. Buchen-FSH eignet sich damit insbesondere für keilgezinkte, lange Verstärkungslamellen. Es ist offensichtlich, dass fehlerhaft verklebte Keilzinkenprüfkörper, vgl.

Abb. 17, unten, wesentlich geringere Zugfestigkeiten aufweisen.

Für eine pragmatisch ausgerichtete Festigkeitssimulation von BS-Holz mit zugbeanspruchten keilgezinkten Buchen-FSH-Lamellen wurden nachstehende Eingangswerte verwendet:

- eine Mindestzugfestigkeit der Furnierschichtholzstreifen von 70 N/mm²,

- ein normalverteilter Längs-E-Modul mit N(16600;800²) in N/mm² und

- eine normalverteilte Keilzinkenzugfestigkeit mit N(65,4;6,14²) in N/mm², die das experimentelle Prüfergebnis reflektiert.

Mit diesen Eigenschaften simulierte und nur aus FSH-Lamellen aufgebaute Träger weisen eine charakteristische Biegefestigkeit von 60 N/mm² und eine mittlere von 68 N/mm² sowie erwartungsgemäß einen mittleren Biege-E-Modul von 16600 N/mm² auf.

Ausgehend von jeweils unverstärkten Trägern, die den Festigkeitsklassen GL 20h bis GL 32h entsprechen, werden ein bis drei Lamellen in der Zugzone durch Buchen-FSH-Lamellen ersetzt. Die auf diese Weise simulierten hybriden Träger werden als Typ I-hy bis IV-hy bezeichnet. Die Holzfeuchte wird nur in der Druckzone variiert, weil die mechanischen Eigenschaften für Zugbeanspruchung von der Holzfeuchte weitgehend unabhängig sind. Die Holzfeuchte wurde zwischen 12 und 20 % variiert.

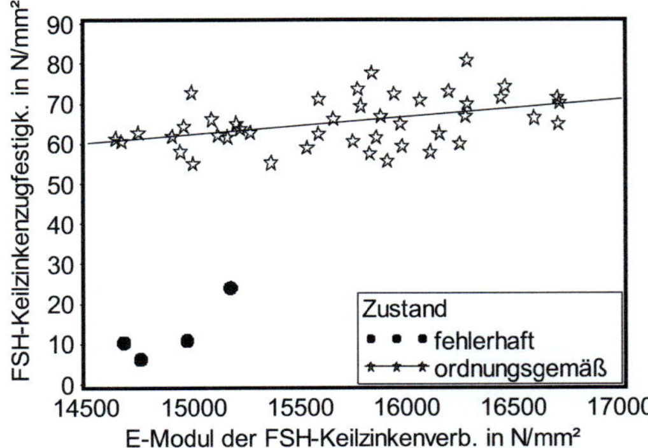

Abb. 16   Zugfestigkeit und Elastizitätsmodul von Keilzinkenverbindungen aus Buchen-Furnierschichtholz

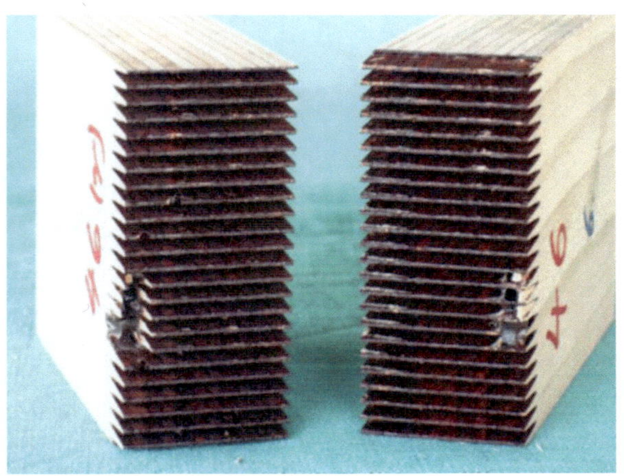

Abb. 17   Für Zugfestigkeiten ab 55 N/mm² sind ordnungsgemäß gefräste und verklebte Zinken unabdingbar (oben), Negativbeispiel (unten)

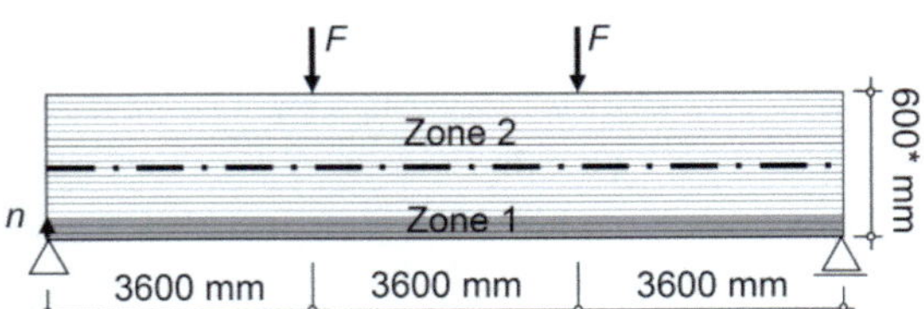

0 ≤ n ≤ 3: Anzahl FSH-Lamellen
* entspricht 20 Lamellen

Holzfeuchtevariation in der Druckzone 12, 16 und 20 %

Typ	Zone 1	Zone 2
I-hy	Bu.-FSH	GL 20h
II-hy	Bu.-FSH	GL 24h
III-hy	Bu.-FSH	GL 28h
IV-hy	Bu.-FSH	GL 32h

Abb. 18   Versuchsprogramm der numerischen Untersuchung des Einflusses einer Zugzonenverstärkung aus Buchen-FSH auf die Biegefestigkeit

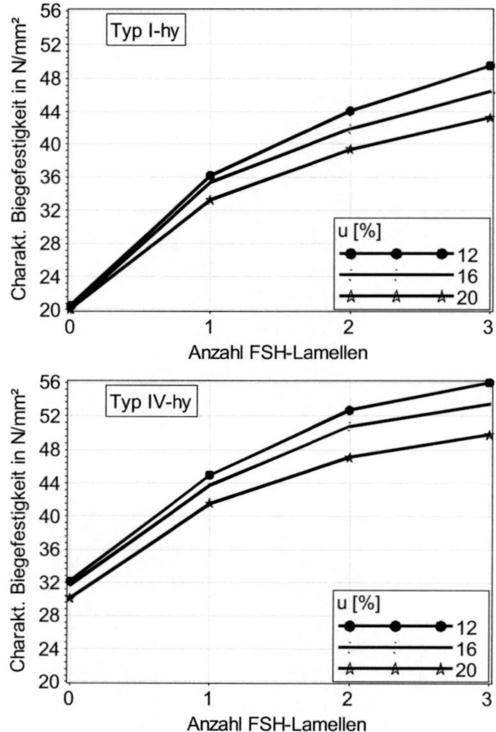

Abb. 19   Simulationsergebnisse

Abb. 18 vermittelt die Grundzüge des numerischen Versuchsprogramms zur Darstellung der Leistungsfähigkeit, die eine Verstärkung von Fichtenbrettschichtholz mit Buchen-FSH-Lamellen birgt.

Die zwei Diagramme in Abb. 19 zeigen im Ergebnis für die Typen I-hy und IV-hy den bemerkenswerten Einfluss der lagenweise erhöhten Verstärkung (mit höchstens drei Lamellen) auf die Biegefestigkeit. Die Ergebnisse der Typen II-hy und III-hy, hier nicht dargestellt, liegen zahlenmäßig dazwischen. Beiden Darstellungen ist gemeinsam, dass im unverstärkten Zustand der Festlegung entsprechend eine charakteristische Biegefestigkeit von 20 bzw. 32 N/mm² wirksam und ein Einfluss der Holzfeuchte kaum wahrnehmbar ist. Mit zunehmender Verstärkung zeigt sich ein degressiver Anstieg der Festigkeit und schließlich ein ausgeprägter Einfluss der Holzfeuchte, da sich diese sowohl auf den Druck-E-Modul des Fichtenholzes als auch auf dessen Druckfestigkeit vermindernd auswirkt. Die Folge ist nicht nur eine im elastischen Zustand in Richtung der Zugzone verlagerte neutrale Achse, sondern auch ein bei zunehmender Belastung ausgeprägtes „plastisches" Verhalten des in der Druckzone simulierten Fichtenholzes. Besonders nutzbringend

erscheint eine Verstärkung von Fichten-BS-Holz niedriger Festigkeitsklassen, weil durch das Aufbringen einiger weniger FSH-Lamellen der Aufwand einer maschinellen Sortierung zumindest teilweise eingespart werden könnte [15].

Zur analytischen Beschreibung der charakteristischen Biegefestigkeit für praktische und normative Zwecke ist ein von Simulationen unabhängiges Bemessungsverfahren erforderlich, das nachfolgend beispielhaft erläutert wird. Abb. 20 beschreibt für den Typ I-hy mit drei FSH-Lamellen zunächst eine Äquivalenz hinsichtlich der Biegetragfähigkeit zwischen einer linearen (durchgezogene Linie) und nichtlinearen Spannungsverteilung (getreppte bzw. gestrichelte Linie). Deren Verlauf ist mittels einer linearen Dehnungsverteilung, die von einer konstanten Bruchdehnung am Biegezugrand ausgeht, iterativ so festgelegt, dass der Querschnitt frei von Normalkräften ist.

Die charakteristische Biegezugfestigkeit (s. o.) und die Bruchdehnung des BS-Holzes ausschließlich aus Buchen-FSH beträgt 60 N/mm² bzw. 0,361 %. Die Bruchdehnung ist das Verhältnis aus der charakteristischen Biegefestigkeit und dem mittlerem Biege-E-Modul von 16600 N/mm² (s. o.). Weitere Randbedingungen sind die eingangs festgelegte lineare Dehnungsverteilung sowie unter Druckbeanspruchung ideales elastisch-plastisches Materialverhalten mit einer Festigkeit von 36,4 N/mm². Diese charakteristische Festigkeit wurde in einer experimentell-numerischen Studie [22] ermittelt und unterscheidet sich daher vom normativen Festigkeitskennwert. Der linearen Spannungsverteilung ist eine effektive Biegefestigkeit von 49,7 N/mm² zugeordnet, die sehr gut mit der simulierten Biegefestigkeit von knapp 50 N/mm² übereinstimmt, vgl. Abb. 19, oben. Für den Fall des mit drei FSH-Lamellen verstärkten GL-20h-Querschnitts lässt sich das Simulationsergebnis folglich ebenso mit der nichtlinearen Verbundtheorie darstellen. Bemerkenswert ist dabei, dass dann oberhalb der dritten Verstärkungslamelle im Fichten-BS-Holz im Vergleich mit der charakteristischen Biegefestigkeit von 20 N/mm² eine um 50 % erhöhte Spannung wirksam zu sein scheint (σ_R = 30,7 N/mm², s. Abb. 20). Unter Berücksichtigung der den zu verstärkenden Querschnitt prägenden Größen wie Festigkeits- und

Steifigkeitsunterschiede zwischen Buchen-FSH und BS-Holz liegen die Erhöhungsfaktoren zwischen 1,1 und 1,7.

Diese Werte sind bislang nur auf Grundlage der Simulationergebnisse zahlenmäßig festgelegt [23], eine experimentelle Absicherung steht noch aus. Hier können systematische Untersuchungen von verstärktem BS-Holz im Rahmen einer zukünftigen Untersuchung dazu beitragen, die mittels Simulationen aufgezeigte Leistungsfähigkeit zu belegen und ein auf der Grundlage der Verbundtheorie beruhendes Bemessungsverfahren bis zur Anwendungsreife weiterzuentwickeln und experimentell zu stützen.

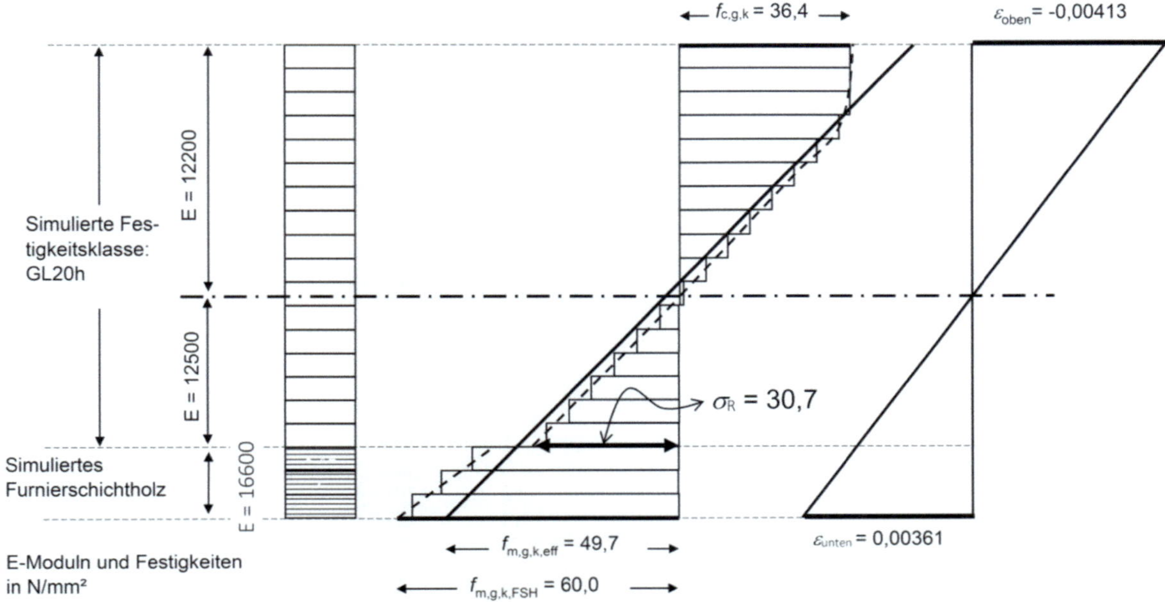

Abb. 20   Darstellung eines Simulationsergebnisses mithilfe der nichtlinearen Verbundtheorie: ausgehend von einer für Buchen-FSH-Lamellen zutreffenden Bruchdehnung werden die Spannungen in den einzelnen Lamellen iterativ festgelegt und in eine effektive Biegefestigkeit umgerechnet

5   Zusammenfassung

Furnierschichtholz aus Buche ist die bauaufsichtlich zugelassene Hartholzvariante unter den Furnierschichthölzern. Es vereint die von Fichten- und Kiefernfurnierschichtholz bekannten Vorteile, die aus der ausgeprägten Homogenisierung herrühren, mit der hohen Festigkeit des verarbeiteten Buchenholzes. Das mechanische Hauptmerkmal ist eine charakteristische Zugfestigkeit von bis zu 70 N/mm², die Buchen-FSH aus konstruktiver und ingenieurmäßiger Sicht zu einem idealen Baustoff macht für filigrane zugbeanspruchte Bauteile wie Füllstäbe und Gurte in weit gespannten Fachwerkträgern. Die hohe Rohdichte von im Mittel 740 kg/m³ und der typbedingte Aufbau mit verstärkenden Querlagen ermöglicht die Herstellung von nicht spaltgefährdeten Anschlüssen mit Stabdübeln und sehr tragfähigen Kontaktverbindungen.

Vielversprechend sind verdeckte Zuganschlüsse mit eingedrehten oder eingeklebten Gewindestangen, wenn diese geeignet verstärkt werden. Furnierschichtholz aus Buche, das seinerseits in Form von Brettschichtholz ebenfalls bauaufsichtlich zugelassen ist, bietet grundsätzlich auch gute Voraussetzungen zur Zugzonenverstärkung von BS-Holz aus Nadelholz. Erste theoretische Untersuchungen lassen in Abhängigkeit vom Verstärkungsgrad bei GL 24 eine Verdoppelung der charakteristischen Biegefestigkeit realistisch erscheinen.

6   Literatur

[1] Allgemeine bauaufsichtliche Zulassung Nr. Z-9.1-838 vom 21. September 2013. Furnierschichtholz aus Buche zur Ausbildung stabförmiger und flächiger Tragwerke. Deutsches Institut für Bautechnik, Berlin

[2] Allgemeine bauaufsichtliche Zulassung Nr. Z-9.1-837 vom 2. Dezember 2013. Brettschichtholz aus Buchen-Furnierschichtholz. Deutsches Institut für Bautechnik, Berlin

[3] DIN EN 1995-1-1:2010-12 Eurocode 5: Bemessung und Konstruktion von Holzbauten – Teil 1-1: Allgemeines – Allgemeine Regeln und Regeln für den Hochbau

[4] DIN EN 1995-1-1/NA:2013-08 Nationaler Anhang – National festgelegte Parameter – Eurocode 5: Bemessung und Konstruktion von Holzbauten – Teil 1-1: Allgemeines – Allgemeine Regeln und Regeln für den Hochbau

[5] Knorz, M.; van de Kuilen, J.-W. (2012): Development of high-capacity engineered wood product – LVL made of european beech (Fagus Sylvatica L.); Proceedings of the 12th World Conference on Timber Engineering WCTE 2012. Auckland, New Zealand

[6] Colling, F. (2008): Holzbau: Grundlagen, Bemessungshilfen. 2. Auflage. Vieweg + Teubner. Wiesbaden

[7] Allgemeine bauaufsichtliche Zulassung Nr. Z-9.1-679 vom 07. Juni 2011. BS-Holz aus Buche und BS-Holz Buche-Hybridträger. Deutsches Institut für Bautechnik, Berlin

[8] Blaß H.J.; Streib J. (2014): Ingenious hardwood – BauBuche Buchenfurnierschichtholz – Bemessungshilfe für Entwurf und Berechnung nach Eurocode 5

[9] DIN EN 1991-1-1:2010-12 Eurocode 1: Einwirkung auf Tragwerke – Teil 1-1:Allgemeine Einwirkungen auf Tragwerke – Wichten, Eigengewicht und Nutzlasten im Hochbau

[10] Enders-Comberg, M.; Blaß H.J. (2014): Treppenversatz – Leistungsfähiger Kontaktanschluss für Druckstäbe. Bauingenieur April 2014, Band 89:162-171

[11] Enders-Comberg, M.; Blaß H.J. (2013): Verbindungen mit axial beanspruchten Gewindestangen in Brettsperrholz aus Buchenfurnierschichtholz. Prüfbericht 136122. Versuchsanstalt für Stahl, Holz und Steine. Karlsruher Institut für Technologie

[12] Allgemeine bauaufsichtliche Zulassung Nr. Z-9.1-777 vom 30. November 2010. Gewindestangen mit Holzgewinde als Holzverbindungsmittel. Deutsches Institut für Bautechnik, Berlin

[13] Enders-Comberg, M.; Blaß H.J. (2013): Verbindungen mit faserparallel eingeklebten Gewindestäben in Furnierschichtholz aus Buche. Prüfbericht 136142. Versuchsanstalt für Stahl, Holz und Steine. Karlsruher Institut für Technologie

[14] Allgemeine bauaufsichtliche Zulassung Nr. Z-9.1-705 vom 26. Januar 2009. 2K-EP-Klebstoff WEVO-Spezialharz EP 32 S mit WEVO-Härter B 22 TS zum Einkleben von Stahlstäben in Holzbaustoffe. Deutsches Institut für Bautechnik, Berlin

[15] Gehri, E. (1985): Verbindungstechniken mit hoher Leistungsfähigkeit – Stand und Entwicklung. Holz als Roh- und Werkstoff 43, S. 83-88

[16] Radović, B. (1988): Träger aus Brettschichtholz mit Furnierschichtholz im Zugbereich. Vorhaben I.4-35105, Forschungs- und Materialprüfungsanstalt Baden-Württemberg, Stuttgart

[17] American Institute of Timber Construction: AITC 402-2005 Standard for structural composite lumber (SCL) for use in structural glued laminated timber. Centennial, Colorada

[18] Suenson, E. (1941): Die Lage der Nullinie in gebogenen Holzbalken. Holz als Roh- und Werkstoff 4, S. 305-314

[19] Schatz, T. (2004): Beitrag zur vereinfachten Biegebemessung von FVK-bewehrten Holzträgern. Bautechnik 81, S. 153-162

[20] Frese M.; Blaß H.J. (2013): Keilzinkenverbindungen mit Buchen-Furnierschichtholz. Prüfbericht 136147. Versuchsanstalt für Stahl, Holz und Steine. Karlsruher Institut für Technologie

[21] Blaß, H.J.; Frese, M.; Glos, P.; Denzler, J.K.; Linsenmann, P.; Ranta-Maunus, A. (2008): Zuverlässigkeit von Fichten-Brettschichtholz mit modifiziertem Aufbau. Bd. 11, Karlsruher Berichte zum Ingenieurholzbau, Universitätsverlag Karlsruhe

[22] Frese, M.; Enders-Comberg, M.; Blaß, H.J.; Glos, P. (2012): Compressive strength of spruce glulam. European Journal of Wood and Wood Products 70 (2012):801-809

[23] Frese, M. (2014): Hybrid glulam beams made of beech LVL and spruce laminations. Proceedings INTER/47-12-2, Bath, UK

7   Autoren

Dipl.-Ing. Markus Enders-Comberg
Dr.-Ing. Matthias Frese

Karlsruher Institut für Technologie (KIT)
Holzbau und Baukonstruktionen
R.-Baumeister-Platz 1
76131 Karlsruhe

Kontakt:
Enders-Comberg@kit.edu

Tragfähigkeit von Stabdübelverbindungen

François Colling, Hans-Joachim Blaß

Zusammenfassung

Insgesamt 1588 verfügbare Versuche aus 7 verschiedenen Forschungsarbeiten wurden zusammenfassend ausgewertet. Die Untersuchungen deuten darauf hin, dass die nach „alter" DIN 1052 berechneten zulässigen Werte um etwa 20 – 25% überschätzt waren und entsprechend unter dem heute geforderten Sicherheitsniveau lagen. Weiterhin zeigten die Auswertungen, dass eine Berechnung der Tragfähigkeit nach Eurocode 5 als konservativ angesehen kann und noch „Luft" für höhere rechnerische Tragfähigkeiten besteht. So konnte anhand von Versuchen mit aus verschiedenen Holzbaubetrieben entnommenen Stabdübeln eine modifizierte Gleichung für das Fließmoment M_y abgeleitet werden, die insbesondere bei Stabdübeln mit größeren Durchmessern höhere rechnerische Tragfähigkeiten ergibt. Diese Versuche zeigten auch, dass die vorhandenen Stahlfestigkeiten z.T. deutlich über den zugehörigen Nennfestigkeiten liegen. Weiterhin zeigten die Untersuchungen, dass bei Stabdübelverbindungen, bei denen sich im Versagensfall (ein oder) zwei Fließgelenke ausbilden, ein zusätzlicher „Schlankheitseffekt" im Sinne einer pauschalen Tragfähigkeitssteigerung angesetzt werden könnte. Unter Anwendung dieser drei Erkenntnisse können die Unterschiede zwischen DIN 1052-„alt" und EC 5 zumindest zu großen Teilen erklärt werden.

1 Ausgangslage

In Fachkreisen wird immer noch intensiv darüber diskutiert, dass die rechnerischen Tragfähigkeiten von Verbindungen mit Stabdübeln nach DIN 1052:2008 und Eurocode 5 z.T. erheblich geringer sind als nach DIN 1052:1988 (nachfolgend mit DIN 1052-„alt" bezeichnet).

Bei der Überprüfung bestehender Tragwerke ergeben sich z.T. erhebliche rechnerische Überschreitungen der Bemessungswerte der Tragfähigkeit. Dies wird nachfolgend an zwei Beispielen aufgezeigt.

Beispiel 1: Verbindung mit geringer Schlankheit. NKL 2, KLED = mittel. $F_{g,k} = F_{p,k} = 20$ kN.

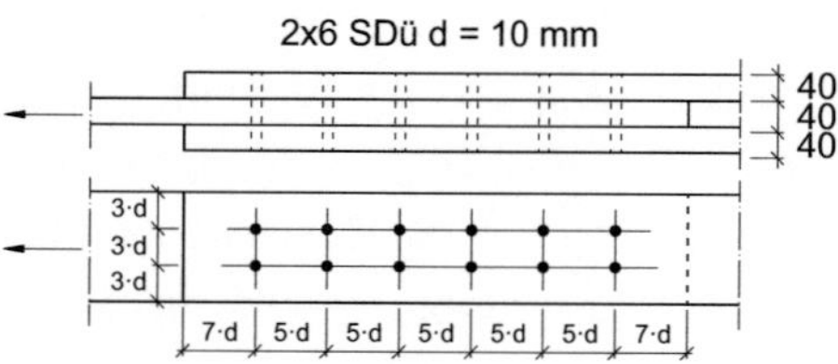

Nach „alter" DIN 1052 dürfen bis zu 6 hintereinander liegende Verbindungsmittel als voll wirksam angenommen werden. Es dürfen daher alle SDü (2·6 = 12) als voll tragend angenommen werden.

Nach Eurocode 5 dürfen wegen der bei hintereinander liegenden Verbindungsmitteln bestehenden Spaltgefahr nicht alle Verbindungsmittel vollständig angesetzt werden. Die rechnerisch wirksame Anzahl SDü ergibt sich im vorliegenden Fall mit $a_1 = 5·d$ zu 2·3,95 = 7,9.

Nachfolgend sind die rechnerischen Ausnutzungsgrade für eine Bemessung nach DIN 1052-„alt" und Eurocode 5 angegeben:

DIN 1052-„alt": $\eta = 0,98 < 1$ ✓

Eurocode 5: $\eta = 1,26 > 1$!

Beispiel 2: Schlanke Verbindung. NKL 2, KLED = mittel. $F_{g,k} = F_{p,k} = 76$ kN

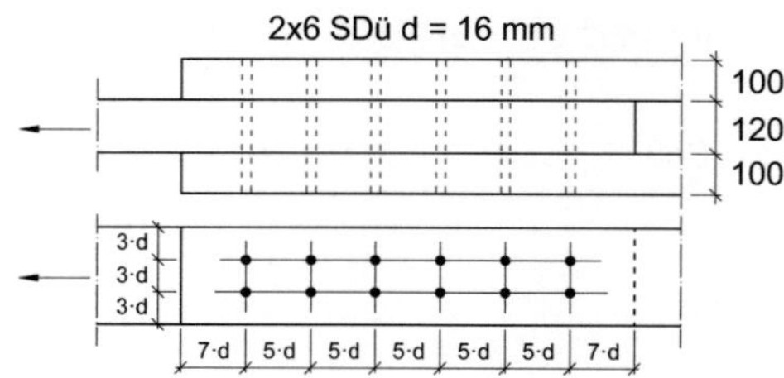

Für diesen Fall ergeben sich folgende Ausnutzungsgrade:

DIN 1052-„alt": $\eta = 0,97 < 1$ ✓

Eurocode 5: $\eta = 1,83 >> 1$!

Setzt man voraus, dass das Berechnungsmodell des Eurocode 5 (Johansen-Theorie) korrekt ist, führen die oben gezeigten Beispiele zu dem Schluss, dass bei Verbindungen, die nach „alter" DIN 1052 berechnet wurden, teilweise erhebliche Sicherheitsdefizite bestehen.

Da Stabdübelverbindungen aber nicht besonders schadensauffällig sind, was auf eine Überschätzung der Stabdübeltragfähigkeiten in der Vergangenheit zurückzuführen wäre, wurde vom DIBt ein Forschungsvorhaben in Auftrag gegeben, in dessen Rahmen das Tragverhalten von Stabdübelverbindungen nochmals umfassend untersucht und bewertet werden sollte. Die Ergebnisse dieses Vorhabens sind nachfolgend zusammengefasst.

2 DIN-„alt" – EC 5

In einem ersten Schritt wurde durch Vergleichsrechnungen untersucht, in welchen Fällen größere Unterschiede zwischen den berechneten Tragfähigkeiten nach DIN 1052-„alt" und Eurocode 5 bestehen.

2.1 Berechnungsgrundlagen

Da die beiden Bemessungsnormen auf unterschiedlichen Sicherheitskonzepten aufbauen, wurden im Hinblick auf eine Vergleichbarkeit der berechneten Tragfähigkeiten folgende Annahmen getroffen:

- Für die Lastseite wurde eine pauschale Erhöhung der Einwirkungen von $\gamma_{G/Q} = 1,4$ angesetzt.

- Für die Widerstandsseite wurde die Nutzungsklasse 1/2 und eine Klasse der Lasteinwirkungsdauer KLED = mittel angenommen. Dies entspricht einem k_{mod} – Wert von 0,8.

Mit diesen Annahmen wurde für die Tragfähigkeiten nach Eurocode 5 ein Vergleichswert R_{vgl} berechnet, der direkt mit der zulässigen Belastung zul N_{St} nach DIN 1052-„alt" verglichen werden kann:

$$R_{vgl} = \frac{k_{mod}}{\gamma_M} \cdot \frac{F_{v,Rk}}{\gamma_{G/Q}} = 0,44 \cdot F_{v,Rk} \leftrightarrow zul\ N_{St}$$

2.2 Ergebnisse

Für den Fall eines einzelnen Verbindungsmittels zeigten die Vergleichsrechnungen, dass bei Stabdübeln mit kleinen Durchmessern und geringen Schlankheiten λ (= Verhältnis Holzdicke/ Durchmesser) die berechneten Vergleichswerte nach Eurocode 5 z.T. deutlich über denen nach DIN 1052-„alt" liegen. In Abb. 1 ist dies dargestellt.

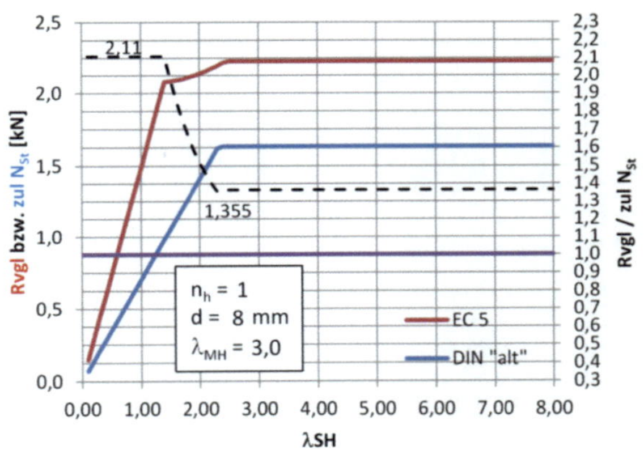

Abb. 1   Vergleich der SDü-Tragfähigkeiten nach DIN 1052-„alt" (zul N_{St}) und Eurocode 5 (R_{vgl}) Gestrichelte Linie: R_{vgl} / zul N_{St}

Bei größeren Durchmessern und Schlankheiten liegen die nach Eurocode 5 berechneten Vergleichswerte jedoch z.T. deutlich unter den zulässigen Werten nach DIN 1052-„alt" (siehe Abb. 2).

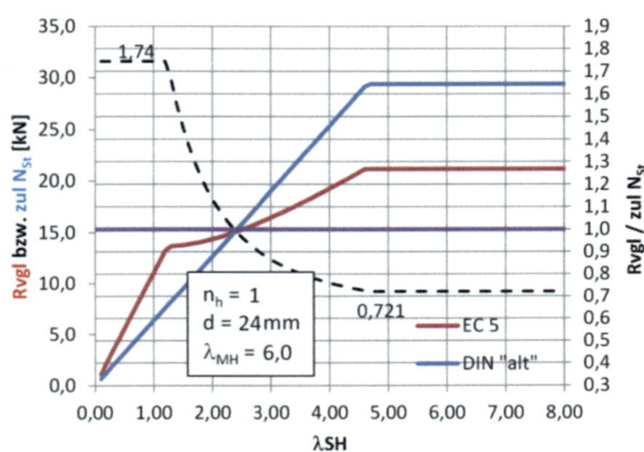

Abb. 2   SDü-Tragfähigkeiten nach DIN 1052-„alt" (zul N_{St}) und Eurocode 5 (R_{vgl})

Bei Anschlüssen mit mehreren hintereinander liegenden Verbindungsmitteln greift die nach Eurocode 5 erforderliche Abminderung wegen der gegebenen Spaltgefahr, was zu einer gravierenden Verschiebung zu Ungunsten der Vergleichswerte nach Eurocode 5 führt. Dies ist in den nachfolgenden Abb. 3 und Abb. 4 am Beispiel von 6 hintereinander liegenden Stabdübeln dargestellt.

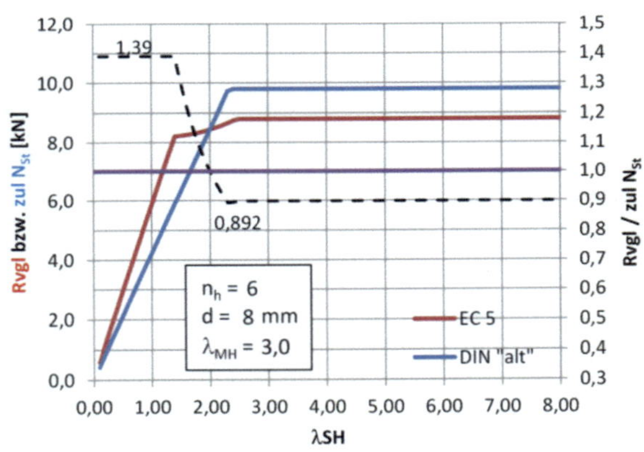

Abb. 3   SDü-Tragfähigkeiten nach DIN 1052-„alt" (zul N_{St}) und Eurocode 5 (R_{vgl})

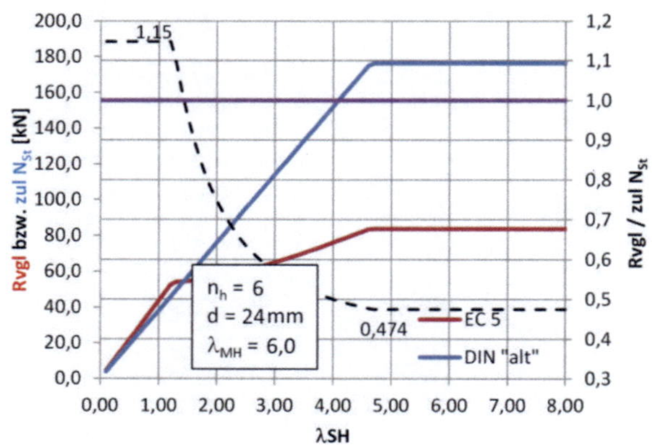

Abb. 4   SDü-Tragfähigkeiten nach DIN 1052-„alt"
           (zul N_{St}) und Eurocode 5 (R_{vgl})

Aus Abb. 4 ist zu erkennen, dass schlanke Verbindungen mit Stabdübeln größerer Durchmesser nach dem Eurocode 5 rechnerisch nur noch halb soviel tragen wie nach „alter" DIN 1052 (Verhältniswert R_{Vgl}/zul N_{St} = 0,474 < 0,5!).

2.3 Fazit

Die Vergleichsrechnungen zeigten somit, dass die Unterschiede zwischen den nach DIN 1052-„alt" und EC 5 berechneten Tragfähigkeiten mit zunehmendem Durchmesser der Stabdübel und zunehmender Schlankheit (= Verhältnis Holzdicke/Durchmesser) größer werden.

3   Versuchsdaten

Im Rahmen des Forschungsvorhabens wurden Versuchsergebnisse aus insgesamt 7 Quellen (siehe [3] bis [9]) zusammengestellt und umfassend ausgewertet.

3.1 Eckdaten

Insgesamt wurden 1588 Versuche ausgewertet, davon 1045 Holz-Holz-Verbindungen und 543 Stahlblech-Holz-Verbindungen. In Abb. 5 sind die Versuchszahlen mit den zugehörigen Quellen angegeben. Von diesen Prüfkörpern wurden insgesamt 988 in Zugscherversuchen geprüft, 600 in Druckscherversuchen.

Die Schlankheiten λ_{SH} der Seitenhölzer (= Seitenholzdicke / Stabdübeldurchmesser) der Prüfkörper variierten dabei zwischen 1,0 und 7,5 (Abb. 6). Aus diesem Bild ist zu erkennen, dass bei Holz-Holz-Verbindungen vornehmlich Verbindungen mit Seitenholzschlankheiten von λ_{SH} < 5 geprüft wurden.

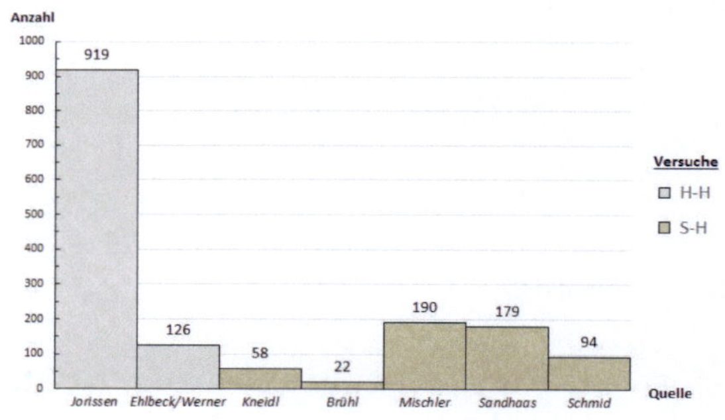

Abb. 5   Ausgewertete Versuche mit Quellen

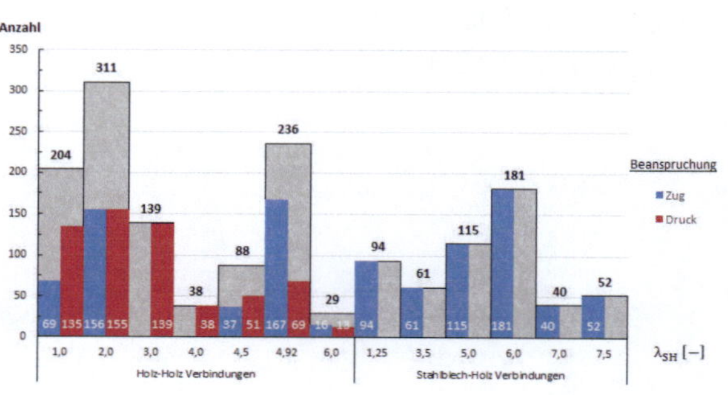

Abb. 6   Schlankheiten der Seitenhölzer der Prüfkörper

Abb. 7 zeigt, dass die überwiegende Anzahl der Versuche mit Stabdübeln d = 12 mm durchgeführt wurde.

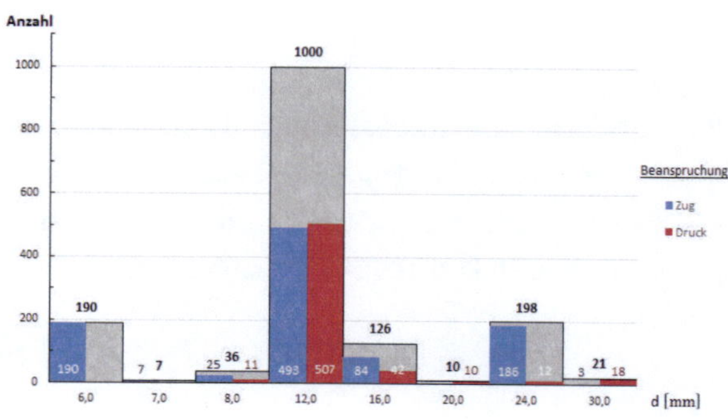

Abb. 7   Durchmesser

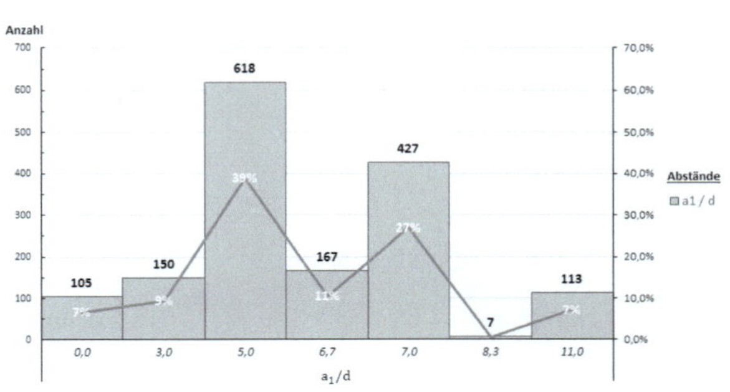

Abb. 8   Abstände a_1

Die Abstände a_1 der Stabdübel untereinander in Faserrichtung variierte zwischen 3·d und 11·d (Abb. 8).

In Abb. 9 ist dargestellt, dass die Zugfestigkeit der geprüften Stabdübel z.T. deutlich über der nominellen Zugfestigkeit für die Stahlgüte S 235 (360 N/mm²) lag.

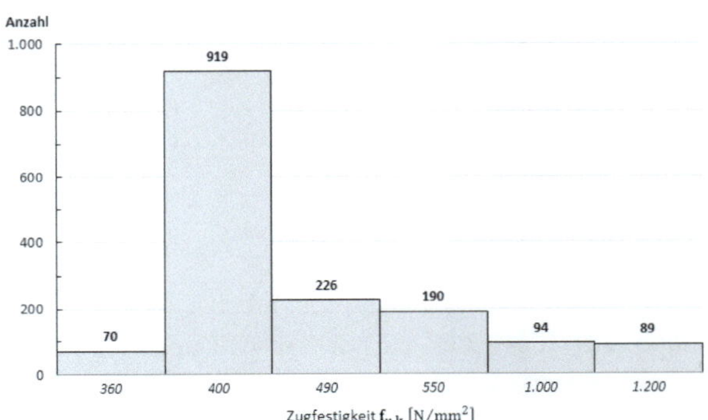

Abb. 9   Zugfestigkeiten der SDü

Auf das Thema Stahlfestigkeiten wird in Abschnitt 4.2 noch näher eingegangen.

Abb. 10 gibt einen Überblick über die Anzahl der nebeneinander (n_n) und hintereinander (n_h) liegenden Verbindungsmittel.

Nur in den Arbeiten [4] und [6] wurden vergleichende Versuche mit versetzt und nicht versetzter Anordnung der Stabdübel durchgeführt. Hierbei wurden insgesamt 4 Versuchsreihen mit Holz-Holz-Verbindungen (12x versetzt, 20x nicht versetzt) und 5 Versuchsreihen mit Stahlblech-Holz-Verbindungen (24x versetzt, 23x nicht versetzt) geprüft.

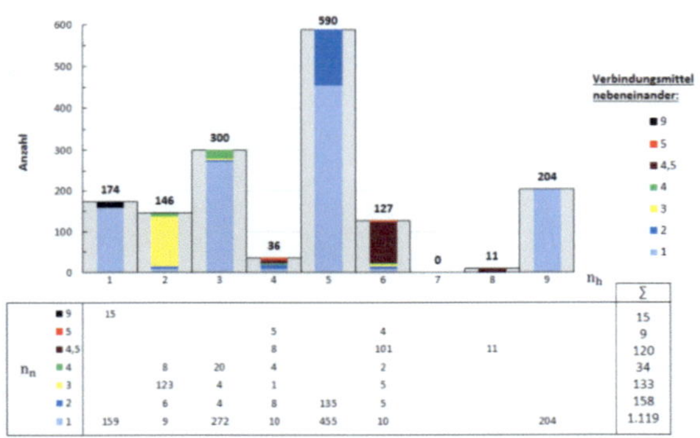

Abb. 10   Anzahl der SDü in einem Anschluss

3.2 Ausgeschlossene Werte

Bei den nachfolgend beschriebenen Auswertungen wurden Versuche mit Randbedingungen ausgeschlossen, die entweder zu einer Verletzung der Anforderungen der Bemessungsnormen führen oder untypische Situationen wie sehr geringe Seitenholzschlankheit oder Laubholzverwendung erfassen:

- Abstände der SDü in Faserrichtung $a_1 < 5·d$

- Abstände zum beanspruchten Hirnholz $a_{3,t} < 6·d$

- Abstände zum seitlichen Rand $a_{4,c} < 3·d$

- SH-Schlankheiten $\lambda_{SH} < 2$

- Rohdichten $\rho > 600$ kg/m³ (Laubhölzer)

Die zugehörigen Versuche werden nachfolgend als „ausgeschlossene Werte" bezeichnet. Nach Abzug dieser ausgeschlossenen Werte verblieben noch insgesamt 561 Versuche mit Holz-Holz-Verbindungen und 325 Versuche mit Stahlblech-Holz-Verbindungen.

3.3 Vergleich Versuchswerte mit zulässigen Werten nach DIN 1052-„alt"

In einer ersten Auswertung wurden die im Versuch erreichten Tragfähigkeiten R_V mit den nach DIN 1052-„alt" berechneten zulässigen Werten zul N verglichen.

In Abb. 11 sind die Verhältniswerte R_V/zul N für Holz-Holz-Verbindungen dargestellt. Der charakteristische Verhältniswert $(R_V/\text{zul } N)_k$ aller Versuchswerte (ohne ausgeschlossene Werte) ergibt sich zu 1,788.

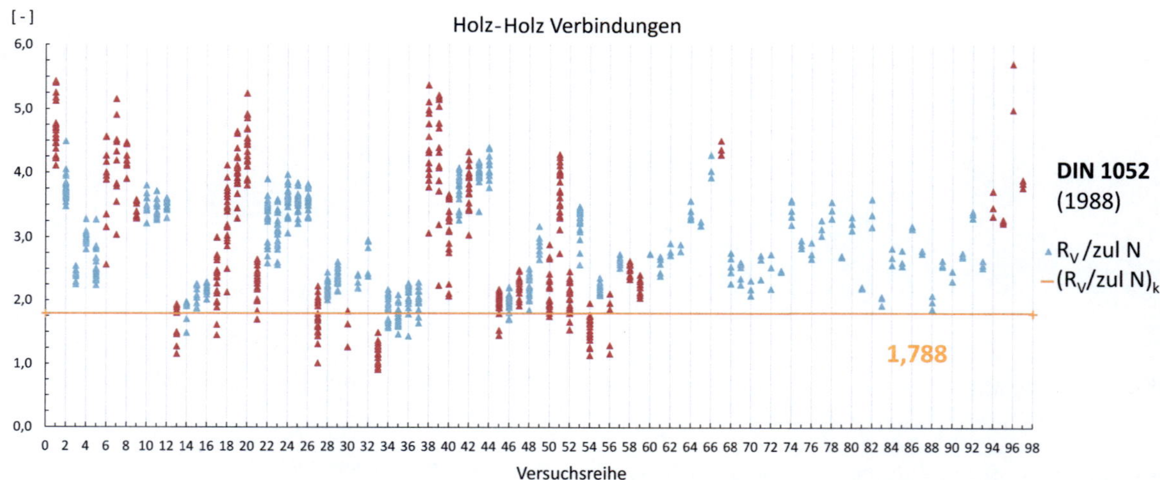

Abb. 11   Verhältnis R_V / zul N für Holz-Holz-Verbindungen (rot = ausgeschlossene Werte)

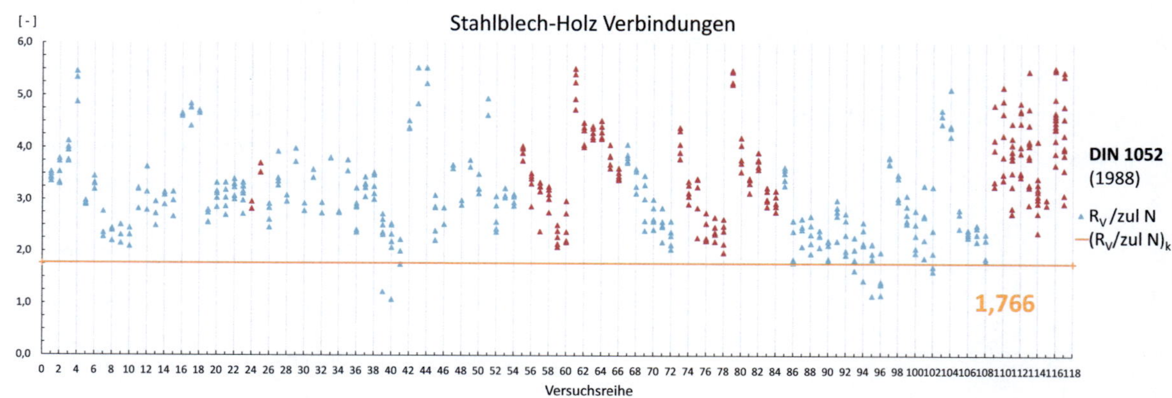

Abb. 12   Verhältnis R_V / zul N für Stahlblech-Holz-Verbindungen (rot = ausgeschlossene Werte)

Der charakteristische Verhältniswert $(R_V$/zul N$)_k$ = 1,788 entspricht dem globalen Sicherheitsbeiwert, der gegenüber der charakteristischen Tragfähigkeit (5%-Quantile) besteht. In Anlehnung an Abschnitt 2.1 sollte diese je nach Nutzungsklasse und Klasse der Lasteinwirkungsdauer in der Größenordnung von etwa 2,0 bis 2,3 betragen. Die Auswertung nach Abb. 11 zeigt, dass dieser Wert nicht erreicht wird.

Die Versuche deuten somit darauf hin, dass die zulässigen Werte nach DIN 1052-„alt" zu hoch waren und etwa 20 - 25% unter dem derzeit geforderten Sicherheitsniveau lagen.

In Abb. 12 ist die gleiche Auswertung für Stahlblech-Holz-Verbindungen dargestellt. Der charakteristische Verhältniswert $(R_V$/N$_{zul})_k$ aller Versuchswerte (ohne Ausgeschlossene Werte) ergibt sich zu 1,766. Diese Auswertung deutet darauf hin, dass auch die zulässigen Werte für Stahlblech-Holz-Verbindungen

nach DIN 1052-„alt" zu hoch waren und etwa 20 - 25% unter dem derzeit geforderten Sicherheitsniveau lagen.

3.4 Vergleich Versuchswerte mit Rechenwerten nach EC 5

In einer zweiten Auswertung wurden die im Versuch erreichten Tragfähigkeiten R_V mit den nach Eurocode 5 berechneten charakteristischen Tragfähigkeiten R_k verglichen.

Diese Berechnung erfolgte allerdings ohne die Faktoren 1,05 bzw. 1,15, die nach Eurocode 5 bei Versagensfällen mit Fließgelenken angesetzt werden dürfen, da diese nur zum Ausgleich für den geringeren erforderlichen Materialsicherheitsbeiwert für den Stahl der Verbindungsmittel dient und keine Erhöhung der Tragfähigkeit der Verbindung selbst darstellt.

Für die Berechnung der charakteristischen Tragfähigkeiten R_k wurde für jede Versuchsreihe die mittlere Rohdichte der Prüfkörper ermittelt und auf Grundlage von DIN EN 338 bzw. DIN 1052 (für BSH) eine zugehörige charakteristische Rohdichte angesetzt.

Ebenso wurde bei bekannten Zugfestigkeiten der Stabdübel die charakteristische Zugfestigkeit einer zugehörigen genormten Stahlqualität angesetzt. Bei Versuchsreihen, bei denen die Zugfestigkeit der Stabdübel nicht durch Versuche bekannt war (wie z.B. bei [6]), wurde mit der Zugfestigkeit der angegebenen Stahlqualität gerechnet.

Bei Verbindungen mit mehreren hintereinander liegenden Stabdübeln wurde die wirksame Anzahl n_{ef} der Stabdübel nach Gleichung (8.34) des Eurocode 5 berechnet.

In Abb. 13 sind die Verhältniswerte R_V/R_k für Holz-Holz-Verbindungen dargestellt. Der charakteristische Verhältniswert $(R_V/R_k)_k$ aller Versuchswerte (ohne ausgeschlossene Werte) ergibt sich zu 1,074.

Im Idealfall würde sich der charakteristische Verhältniswert $(R_V/R_k)_k$ zu 1,0 ergeben. Die Tatsache, dass dieser Wert über 1,0 liegt, deutet darauf hin, dass die nach Eurocode 5 berechnete charakteristische Tragfähigkeit R_k als leicht konservativ angesehen werden kann. Aus Abb. 13 ist zu erkennen, dass ab Versuchsreihe 59 die Versuchswerte z.T. deutlich über den berechneten Werten nach Eurocode 5 liegen. Bei diesen Versuchen von Ehlbeck/Werner [4] wiesen die Prüfkörper signifikant größere Schlankheiten auf als diejenigen von Jorissen [3].

In *Abb. 14* ist die gleiche Auswertung für Stahlblech-Holz-Verbindungen dargestellt. Der charakteristische Verhältniswert $(R_V/R_k)_k$ aller Versuchswerte (ohne ausgeschlossene Werte) ergibt sich zu 1,073 und ist daher nahezu identisch mit dem der Holz-Holz-Verbindungen.

Damit deuten auch diese Versuche darauf hin, dass die nach Eurocode 5 berechnete charakteristische Tragfähigkeit R_k als leicht konservativ angesehen werden kann.

Bei den Auswertungen zeigte sich die Tendenz, dass die Unterschiede zwischen Versuchswerten und Rechenwerten nach Eurocode 5 mit zunehmendem Durchmesser der Stabdübel größer wurden: die Tragfähigkeiten von Verbindungen mit größeren Durchmessern werden bei einer Berechnung nach Eurocode 5 anscheinend unterschätzt.

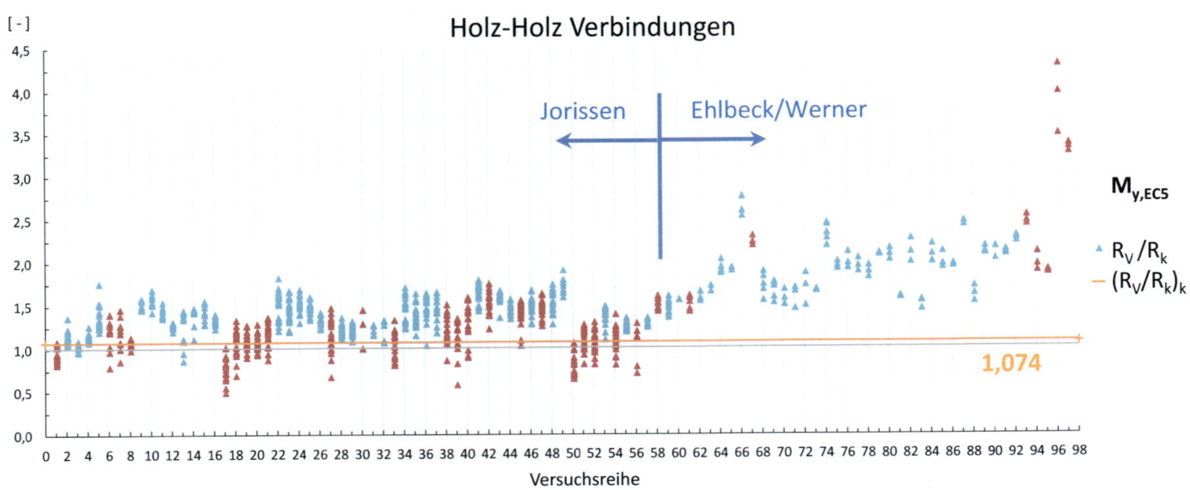

Abb. 13   Verhältnis R_V / R_k für Holz-Holz-Verbindungen (rot = ausgeschlossene Werte)

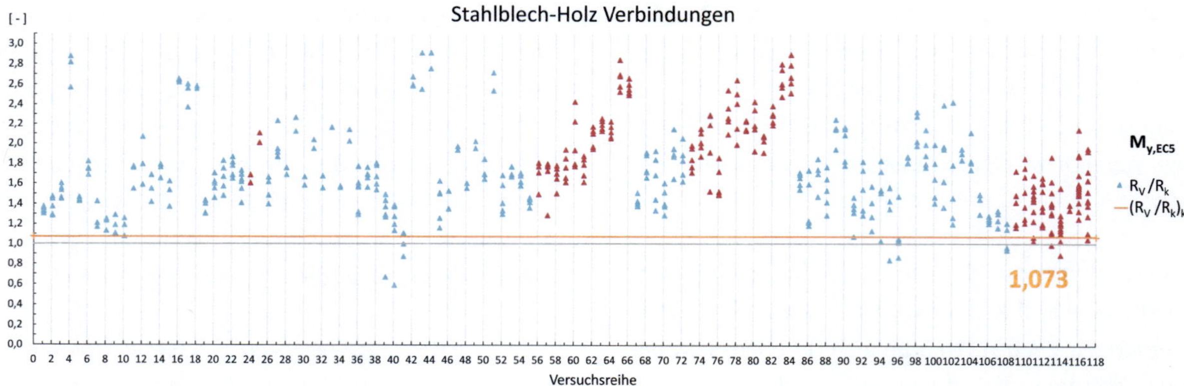

Abb. 14   Verhältnis R_V / R_k für Stahlblech-Holz-Verbindungen (rot = ausgeschlossene Werte)

3.5 Vergleich Versuchswerte mit erwarteten Versuchswerten

In einem weiteren Schritt wurden die Versuchswerte R_V mit den zugehörigen erwarteten Versuchswerten R_{EV} verglichen. Diese wurden zwar ebenfalls nach Eurocode 5 berechnet, allerdings mit den bei den Versuchen vorliegenden Rohdichten der Hölzer und Stahlfestigkeiten der Stabdübel.

Diese Auswertung ermöglicht eine Aussage über die „Güte" des zugrunde gelegten Rechenmodells (Johansen-Theorie). Trifft das Modell zu, so ist ein Verhältnis R_V/R_{EV} von im Mittel 1,0 zu erwarten.

In Abb. 15 ist dieser Vergleich für Holz-Holz- und Stahlblech-Holz-Verbindungen in Abhängigkeit von der Schlankheit des Seitenholzes dargestellt.

Aus diesem Bild ist zu erkennen, dass insbesondere ab SH-Schlankheiten von $\lambda_{SH} \geq$ ca. 4 die im Versuch erzielten Tragfähigkeiten über den erwarteten Tragfähigkeiten lagen (Verhältnis $R_V/R_{EV} > 1{,}0$).

3.6 Fazit

Die Auswertung der Versuche bestätigte die in den Vergleichsrechnungen mit der „alten" DIN gewonnenen Tendenzen:

- Die Tragfähigkeit von Stabdübeln mit größeren Durchmessern wird nach Eurocode 5 unterschätzt.

- Die Tragfähigkeit von Stabdübelverbindungen mit größeren Seitenholz-Schlankheiten wird nach Eurocode 5 ebenfalls unterschätzt.

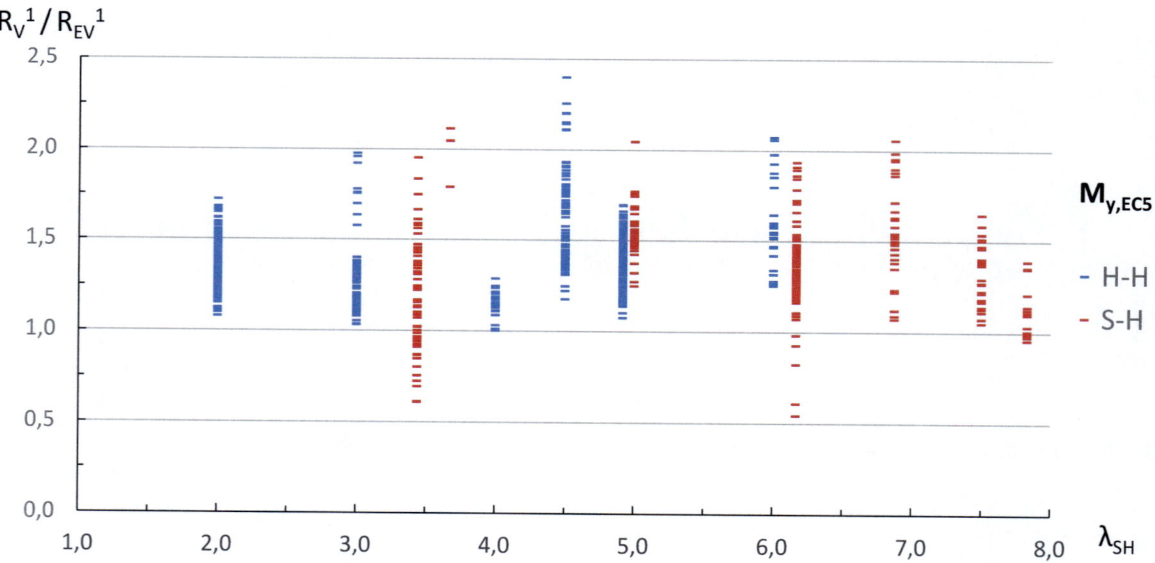

Abb. 15   Verhältnis R_V / R_{EV} in Abhängigkeit von der Schlankheit des Seitenholzes

4 Versuche mit Stabdübeln

4.1 Fließmoment My

Die Auswertung der verfügbaren Versuchsergebnisse in Abschnitt 3 zeigte für größere Stabdübeldurchmesser eine zunehmende Unterschätzung der Tragfähigkeiten der Verbindungen. Dasselbe gilt für höhere Stabdübelschlankheiten, bei denen überhaupt erst Fließgelenke auftreten und das Fließmoment des Stabdübels sich auf die Tragfähigkeit auswirkt. Ein Ziel dieses Forschungsvorhabens war daher die experimentelle Überprüfung der Fließmomente von Stabdübeln unterschiedlicher Durchmesser und unterschiedlicher Festigkeit. Um die Fließmomente nach Gleichung (8.30) des Eurocode 5 zu überprüfen, wurden Stabdübel verwendet, die bei unterschiedlichen Herstellern und verschiedenen Holzbaubetrieben entnommen wurden. Insgesamt wurden 159 Zugversuche und 122 vergleichende Biegeversuche durchgeführt. Es wurde angestrebt, bei den entnommenen Stabdübeln ein Teil in Zugversuchen und ein Teil in Biegeversuchen zu prüfen. Da die Versuchsergebnisse innerhalb einer Versuchsreihe kaum streuten, konnte aus dem Vergleich der in den Versuchen bestimmten Fließmomente nach DIN EN 409 mit der Zugfestigkeit bzw. Fließgrenze aus dem Versuch die Gleichung (8.30) des Eurocode 5 überprüft werden.

Die Versuche zeigten hierbei ein unterschiedliches Tragverhalten von Stählen mit niedrigen bzw. hohen Zugfestigkeiten. Während bei Stählen mit niedriger Zugfestigkeit und ausgeprägter Streckgrenze das aufnehmbare Moment bei Erreichen plastischer Verformungen noch deutlich ansteigt, ist dies bei Stählen mit hoher Zugfestigkeit nur in geringerem Maße der Fall. Dies ist in Abb. 16 dargestellt.

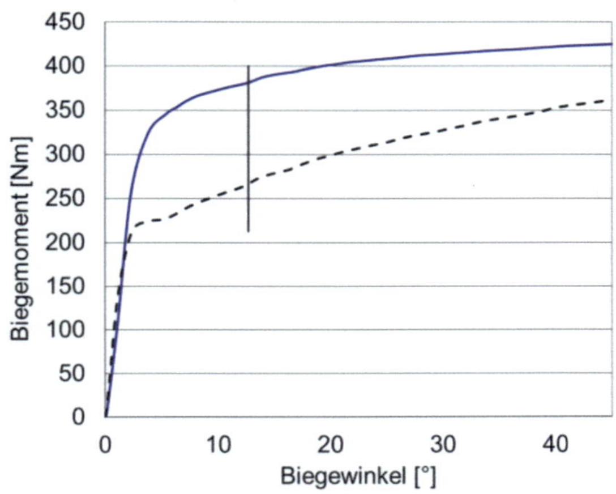

Abb. 16 Aufnehmbares Biegemoment in Abhängigkeit vom Biegewinkel für einen höherfesten Stahl (durchgehende Linie) und einen niederfesten Stahl mit ausgeprägter Streckgrenze (gestrichelte Linie)

Gleichung (8.30) des Eurocode 5 gibt das Fließmoment abhängig von den Parametern Durchmesser und Zugfestigkeit des Stahls an. Während bei höherfesten Stählen diese beiden Parameter für die Berechnung des Fließmomentes ausreichen, wird bei niederfesten Stählen für eine genauere Berechnung auch die Fließgrenze benötigt. Die Versuchsergebnisse mit Stabdübeln zeigten insbesondere für größere Stabdübeldurchmesser deutlich höhere Fließmomente als nach Eurocode 5 berechnet.

Für die genaue Berechnung des Fließmomentes konnte folgende Beziehung abgeleitet werden:

$$M_{y,neu} = \begin{cases} 0{,}15 \cdot \dfrac{f_y + f_u}{2} \cdot d^3 & \text{für } f_u < 450 \text{ N/mm}^2 \\ 0{,}15 \cdot f_u \cdot d^3 & \text{für } f_u > 450 \text{ N/mm}^2 \end{cases}$$

mit

d = Durchmesser

f_y = Streckgrenze des Stahls

f_u = Zugfestigkeit des Stahls

Diese modifizierte Gleichung liefert für zunehmende Durchmesser und höhere Zugfestigkeit deutlich höhere Werte für das Fließmoment als gegenwärtig nach Eurocode 5.

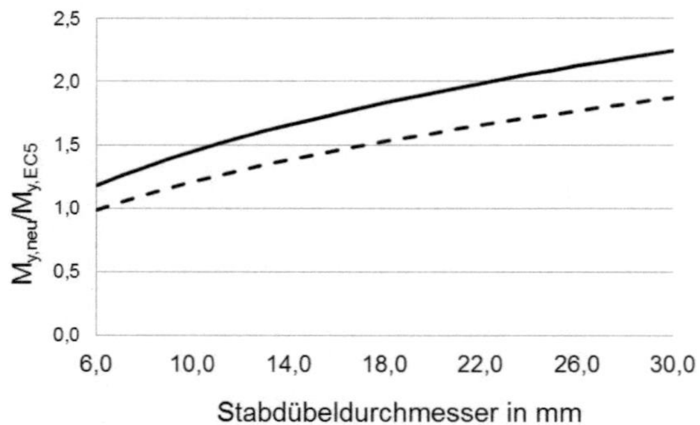

Abb. 17   Verhältniswert des Fließmoments nach dem obigen Vorschlag zum Fließmoment nach Eurocode 5 für Stähle mit Zugfestigkeiten f_u > 450 N/mm² (durchgehende Linie) und f_u < 450 N/mm² (gestrichelte Linie)

4.2 Überfestigkeiten

Bei Versuchen mit Stahlteilen ist immer wieder festzustellen, dass diese z.T. erhebliche Überfestigkeiten aufweisen. Zur Überprüfung, ob dies auch bei Stabdübeln der Fall ist, wurden aus 38 Holzbaubetrieben insgesamt 159 Stabdübel entnommen und im Zugversuch geprüft (siehe auch Abschnitt 4.1).

Hierbei musste festgestellt werden, dass nur in 14 Betrieben Stabdübel mit Angabe einer deklarierten Stahlgüte verwendet wurden. Bei den übrigen Betrieben waren auf den Verpackungen keinerlei Angaben zur Stahlqualität zu finden. Die ermittelten Zugfestigkeiten lagen alle über der Mindestfestigkeit für S 235 von 360 N/mm² und schwankten bei einem Mittelwert von etwa 585 N/mm² zwischen 397 und 853 N/mm².

Höhere Stahlfestigkeiten führen bei Stabdübelverbindungen auch zu höheren Tragfähigkeiten, sofern sich mindestens ein Fließgelenk ausbilden kann. Ist die tatsächliche Zugfestigkeit der Stabdübel bekannt (z.B. nach Probenentnahme in einem Bestandsgebäude), so kann diese auch bei einer Überprüfung der Standsicherheit berücksichtigt werden.

Anzumerken wäre in diesem Zusammenhang, dass bei früheren Versuchen, die zu den Regelungen der „alten" DIN 1052 geführt haben, die Stahlfestigkeit der Stabdübel nicht explizit bestimmt wurde und

somit etwaige Überfestigkeiten in den zulässigen Werten nach DIN 1052-„alt" enthalten sind.

Bei einer Berechnung nach Eurocode 5 wird dagegen nur mit der nominellen Zugfestigkeit (Mindest-Zugfestigkeit) der Stabdübel gerechnet.

5   Schlankheitseffekt

Wie in Abschnitt 3.5 beschrieben, deuten die ausgewerteten Versuche darauf hin, dass bei Schlankheiten ≥ ca. 4,0 höhere Tragfähigkeiten beobachtet werden als rechnerisch erwartet (siehe auch Abb. 15). Dieser Effekt wird nachfolgend als „Schlankheitseffekt" bezeichnet. Eine vollständige wissenschaftlich fundierte Erklärung dieses Effektes konnte bislang noch nicht gefunden werden. Nur ein Teil dieses Effektes kann mit den höheren Fließmomenten (siehe Abschnitt 4) erklärt werden.

Es wird jedoch vermutet, dass bei Ausbildung von Fließgelenken im Stabdübel Verformungen in der Verbindung auftreten, die ihrerseits Reibungskräfte aktivieren, die bislang bei der Bemessung nicht berücksichtigt werden.

Der im Eurocode 5 verankerte Einhängeeffekt basiert auf einem Aneinanderpressen der miteinander verbundenen Hölzer bzw. Stahlbleche und der damit in der Scherfuge aktivierten Reibungskraft mit einem angenommenen Reibungskoeffizienten von μ = 0,25. Inwieweit der aus den Versuchen festgestellte „Schlankheitseffekt" mit diesem Einhängeeffekt vergleichbar ist, konnte im Zuge dieses Vorhabens nicht geklärt werden.

Beim Auftreten von zwei Fließgelenken pro Scherfuge „verhaken" sich Seiten- und Mittelholz miteinander, so dass ein Anpressen der Hölzer auch bei Stabdübelverbindungen möglich erscheint (siehe Abb. 18 links). Dies ist insbesondere bei Verbindungen mit größeren Schlankheiten (> ca. 6-7 je nach Stahlgüte) der Fall. Bei Ausbildung von nur einem Fließgelenk bestehen noch Zweifel an der Möglichkeit eines Anpressens der Hölzer. Hier ist eher davon auszugehen, dass die Seitenhölzer sich aus der Verbindung herausziehen (siehe Abb. 18 rechts).

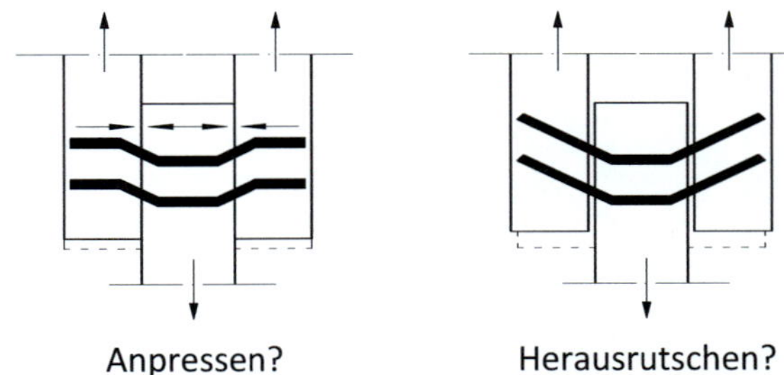

Abb. 18   Mögliches Anpressen der Hölzer bei Aus-
bildung von 2 Fließgelenken pro Scherfuge
(links) und mögliche Gefahr eines Heraus-
rutschens des Seitenholzes bei nur 1
Fließgelenk pro Scherfuge (rechts)

Eine andere Erklärung für den Schlankheitseffekt könnte darin bestehen, dass die Spaltgefahr infolge hintereinander liegender Verbindungsmittel geringer ist, als dies bisher angenommen wurde. Die Gleichung für n_{ef} im EC 5 wurde anhand der Versuche von Jorissen [3] hergeleitet, bei denen aber vorrangig Prüfkörper mit geringer bis mittlerer Schlankheit geprüft wurden. Zur Klärung dieser Frage sind aber entsprechende Untersuchungen/ Versuche notwendig.

6   Neuauswertungen

6.1 Schlankheitseffekt von 25% bei Ausbildung von 2 Fließgelenken

Unter Ansatz der modifizierten Gleichung für das Fließmoment M_y (nach Abschnitt 4.1) und einem „Schlankheitseffekt" von 25% für den Versagensfall mit 2 Fließgelenken wurden die Versuche erneut ausgewertet. Die Ergebnisse sind in Abb. 19 bis Abb. 21 dargestellt.

Der charakteristische Verhältniswert $(R_V/R_k)_k$ aller Holz-Holz-Versuchswerte (ohne ausgeschlossene Werte) ergibt sich dabei zu 1,037.

Der charakteristische Verhältniswert $(R_V/R_k)_k$ aller Stahlblech-Holz-Versuchswerte (ohne ausgeschlossene Werte) ergibt sich zu 0,978.

Die Gegenüberstellung der Versuchswerte mit den erwarteten Versuchswerten (R_V/R_{EV}) zeigt bei Schlankheiten $\lambda_{SH} > 6$ eine Annäherung an den Ide-

alwert von 1: In diesem Bereich kommt der Schlankheitseffekt bei Ausbildung von 2 Fließgelenken zu Tragen.

Allerdings werden die Tragfähigkeiten im mittleren Schlankheitsbereich $4 < \lambda_{SH} < 6$ immer noch tendenziell unterschätzt. In diesem Schlankheitsbereich tritt meist nur ein Fließgelenk auf, für den kein Schlankheitseffekt angesetzt wurde. Hier scheint noch „Reserve" für den Ansatz eines „mittleren" Schlankheitseffekts zu bestehen.

In Zusammenhang mit dem Schlankheitseffekt wäre anzumerken, dass bei der praktischen Anwendung nach „alter" DIN 1052 eine Grenzschlankheit der Hölzer von mind. 6 angestrebt wurde. Es ist daher anzunehmen, dass bei Verbindungen nach „alter" DIN 1052 ein „Schlankheitseffekt" implizit enthalten ist.

6.2 Schlankheitseffekt von 25% bei Ausbildung von 1 <u>und</u> 2 Fließgelenken

Die Versuche zeigen, dass auch im mittleren Schlankheitsbereich zwischen 4 und 6 ein „Schlankheitseffekt" angesetzt werden könnte (siehe auch Abb. 21).

Setzt man einen „Schlankheitseffekt" von 25% auch bei Ausbildung von nur 1 Fließgelenk an, so nähert sich das Verhältnis R_V/R_{EV} (Versuchswert / erwarteter Versuchswert) dem Idealwert von 1,0 weiter an (Abb. 22).

Der Ansatz dieses „Schlankheitseffektes" auch bei mittleren Schlankheiten führt allerdings dazu, dass für das Verhältnis R_V/R_k (Versuchswert / char. Wert nach Eurocode 5) der char. Wert auf 0,846 (Holz-Holz-Verbindungen, Abb. 23) bzw. 0,801 (Stahlblech-Holz-Verbindungen, Abb. 24) absinkt.

Der Ansatz eines „Schlankheitseffektes" von 25% auch bei nur einem Fließgelenk pro Scherfuge führt dazu, dass das Bemessungsmodell dann für nahezu alle Holz-Holz-Versuche von Jorissen rechnerisch zu hohe Tragfähigkeiten liefert und diese damit überschätzt.

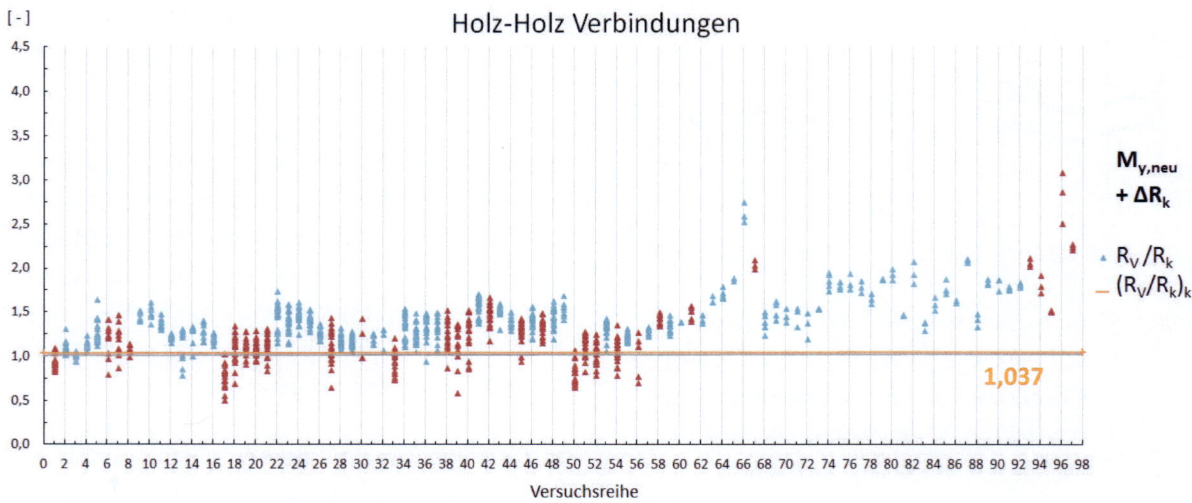

Abb. 19 *Verhältnis R_V / R_k für Holz-Holz-Verbindungen (rot = ausgeschlossene Werte): Neuauswertung mit M_y-neu und Schlankheitseffekt von 25% bei Auftreten von 2 Fließgelenken pro Scherfuge*

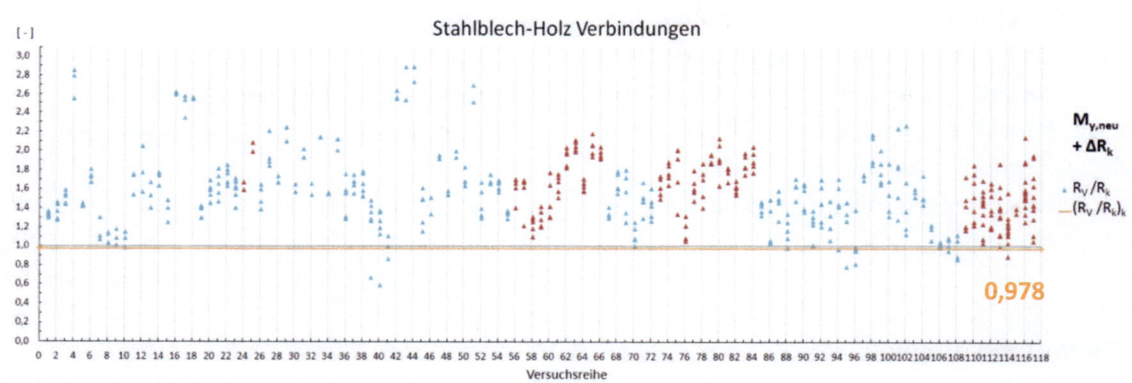

Abb. 20 *Verhältnis R_V / R_k für Stahlblech-Holz-Verbindungen (rot = ausgeschlossene Werte): Neuauswertung mit M_y-neu und Schlankheitseffekt von 25% bei Auftreten von 2 Fließgelenken pro Scherfuge*

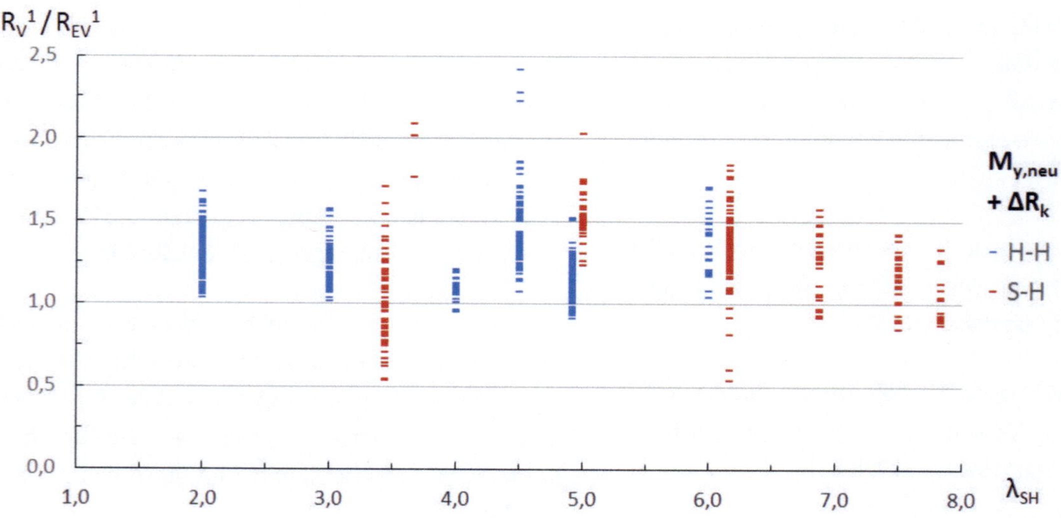

Abb. 21 *Verhältnis R_V / R_{EV} in Abhängigkeit von der Schlankheit des Seitenholzes: Neuauswertung mit M_y-neu und Schlankheitseffekt von 25% bei Auftreten von 2 Fließgelenken pro Scherfuge*

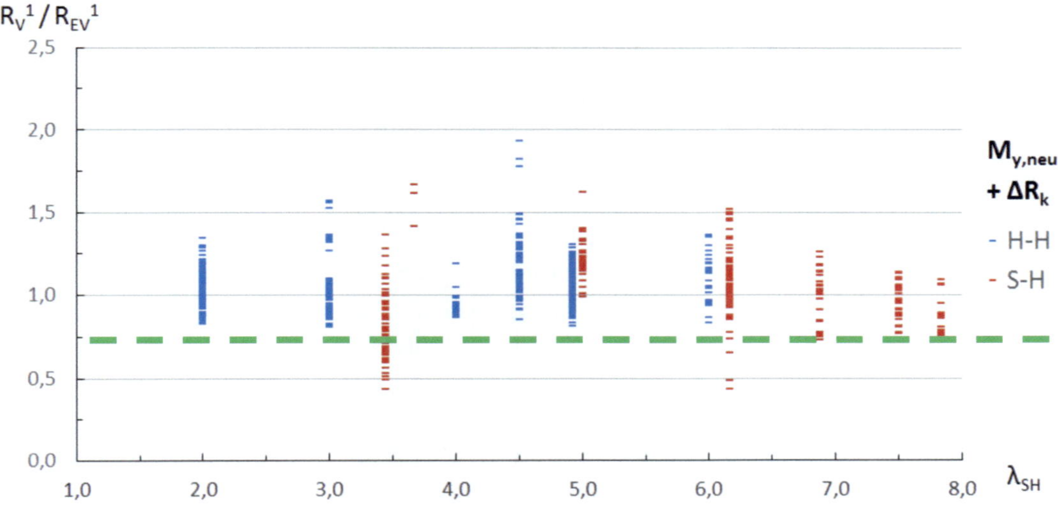

Abb. 22   Verhältnis R_V / R_{EV} in Abhängigkeit von der Schlankheit des Seitenholzes: Neuauswertung mit M_y-neu und Schlankheitseffekt von 25% bei Auftreten von 1 und 2 Fließgelenken pro Scherfuge

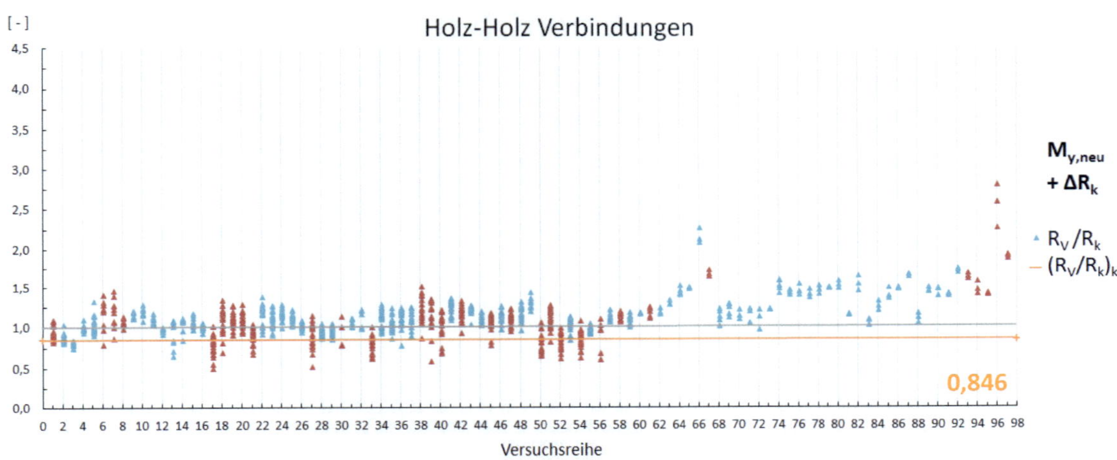

Abb. 23   Verhältnis R_V / R_k für Holz-Holz-Verbindungen (rot = ausgeschlossene Werte): Neuauswertung mit M_y-neu und Schlankheitseffekt von 25% bei Auftreten von 1 und 2 Fließgelenken pro Scherfuge

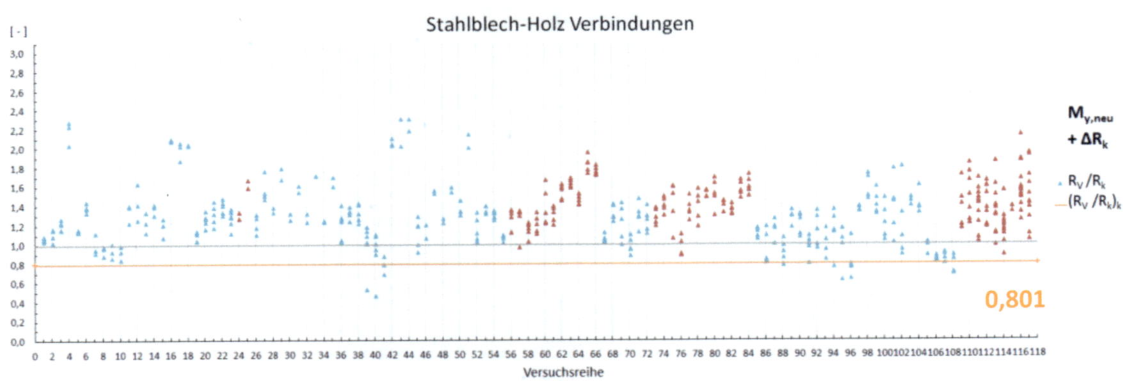

Abb. 24   Verhältnis R_V / R_k für Stahlblech-Holz-Verbindungen (rot = ausgeschlossene Werte): Neuauswertung mit M_y-neu und Schlankheitseffekt von 25% bei Auftreten von 1 und 2 Fließgelenken pro Scherfuge

6.3 Schlankheitseffekt von 10% bei Ausbildung von 1 Fließgelenk und von 25% bei 2 Fließgelenken

Die Auswertungen des vorherigen Abschnittes zeigen, dass der Ansatz eines Schlankheitseffektes von 25% bei Ausbildung von 1 Fließgelenk zu einer deutlichen Abminderung der Sicherheit führt. Daher wurde eine erneute Auswertung durchgeführt, bei der für Versagensfälle mit nur 1 Fließgelenk nur ein „Schlankheitseffekt" von 10% angesetzt wurde.

Die Ergebnisse sind nachfolgend dargestellt.

In Abb. 25 sind die Verhältniswerte R_V/R_{EV} (Versuchswert / erwarteter Versuchswert) dargestellt. Dieses Bild deutet darauf hin, dass im mittleren Schlankheitsbereich trotzdem noch Reserven vorhanden sind.

In Abb. 26 und Abb. 27 sind die Verhältniswerte R_V/R_k (Versuchswert / char. Wert nach Eurocode 5) dargestellt. Die charakteristischen Verhältniswerte liegen nach dieser Auswertung bei 0,943 bei Holz-Holz-Verbindungen und 0,889 bei Stahlblech-Holz-Verbindungen.

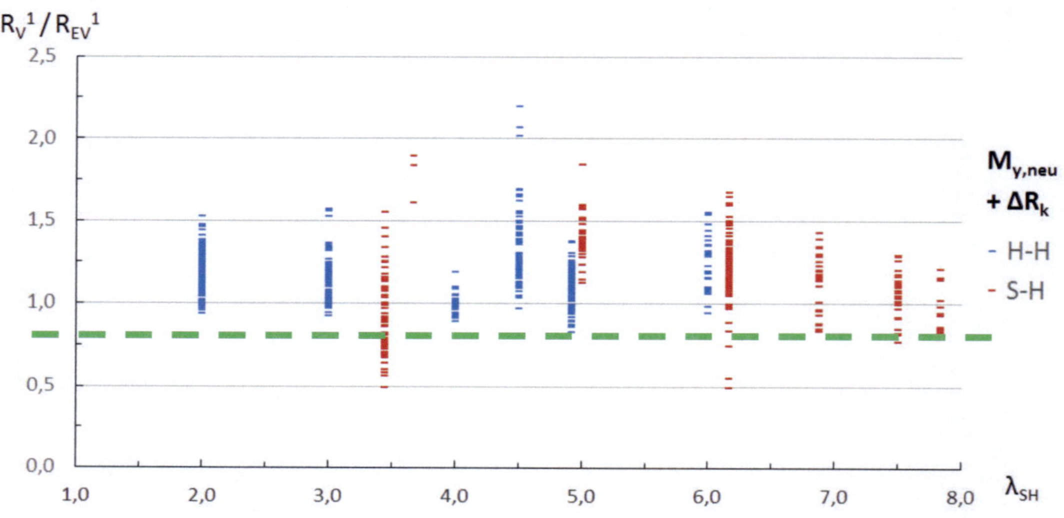

Abb. 25   Verhältnis R_V/R_{EV} in Abhängigkeit von der Schlankheit des Seitenholzes: Neuauswertung mit M_y-neu und Schlankheitseffekt von 10% bei Auftreten von 1 Fließgelenk und 25% bei 2 Fließgelenken

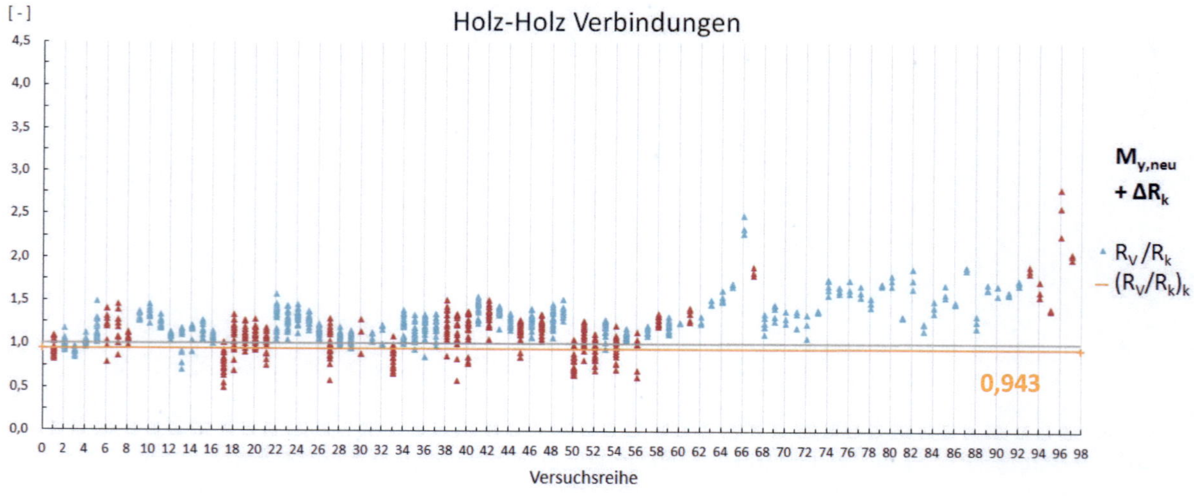

Abb. 26   Verhältnis R_V/R_k für Holz-Holz-Verbindungen (rot = ausgeschlossene Werte): Neuauswertung mit M_y-neu und Schlankheitseffekt von 10% bei Auftreten von 1 Fließgelenk und 25% bei 2 Fließgelenken

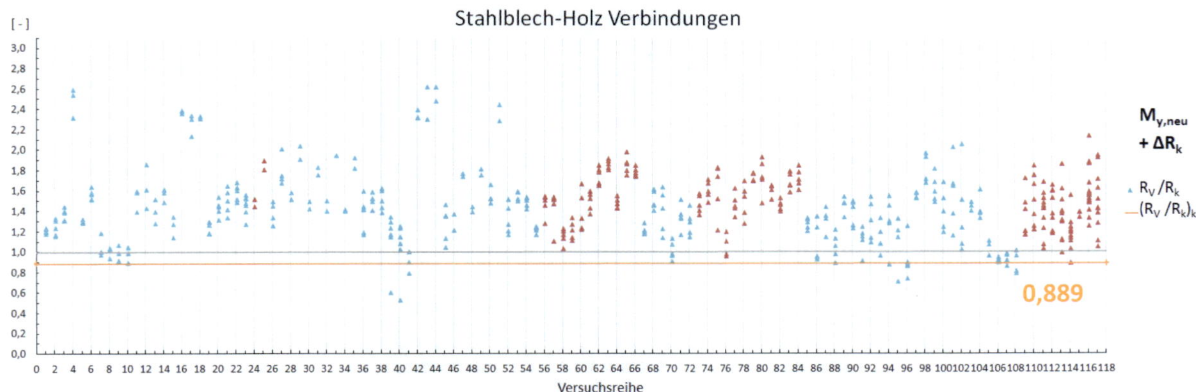

Abb. 27   Verhältnis R_V / R_k für Stahlblech-Holz-Verbindungen (rot = ausgeschlossene Werte): Neuauswertung mit M_y-neu und Schlankheitseffekt von 10% bei Auftreten von 1 Fließgelenk und 25% bei 2 Fließgelenken

7   Auswirkungen

Anhand der durchgeführten Auswertungen konnten die nachfolgenden drei Einflussfaktoren herausgearbeitet werden:

- Modifizierte Gleichung für das Fließmoment M_y (M_y-neu).

- „Schlankheitseffekt", z.B. in Form von pauschalen Tragfähigkeitssteigerungen für die Versagensfälle mit einem und/oder zwei Fließgelenken.

- Überfestigkeit der Stabdübel, z.B. in Form des Ansatzes einer Zugfestigkeit von 490 N/mm² für die Stabdübel, entsprechend einer Stahlgüte S 355.

Die Auswirkungen auf die in Abschnitt 1 aufgeführten Beispiele sind nachfolgend aufgezeigt. In Tab. 1 und Tab. 2 sind die unter Ansatz verschiedener Einflussfaktoren gegebenen Ausnutzungsgrade bei einer Berechnung nach EC 5 zusammengestellt.

Aus diesen Tabellen sind folgende Tendenzen zu erkennen:

- Bei gedrungenen Verbindungen mit kleinen Stabdübeldurchmessern sind durch Ansatz der verschiedenen Einflussfaktoren keine markanten Veränderungen zu erkennen:

die ohnehin geringe Überschreitung von 26% (Ausnutzung 1,26) kann auf 13% reduziert werden.

- Bei schlanken Verbindungen mit größeren Durchmessern sind jedoch deutlichere Auswirkungen festzustellen.

- So führt allein die modifizierte Gleichung für das Fließmoment M_y zu einer signifikanten Reduzierung des Ausnutzungsgrades (1,83 → 1,62).

- Der Ansatz eines Schlankheitseffektes bei Ausbildung von 2 Fließgelenken ohne Ansatz von Überfestigkeiten bewirkt ebenfalls eine deutliche Reduzierung des Ausnutzungsgrades (→ 1,45).

- Der Ansatz einer meist vorhandenen Überfestigkeit ohne Berücksichtigung eines „Schlankheitseffektes" führt zu einer weiteren deutlichen Reduzierung des Ausnutzungsgrades (→ 1,35).

- Der Ansatz eines „Schlankheitseffektes" auch bei Ausbildung von nur einem Fließgelenk führt zu einer weiteren Reduzierung. Inwieweit dies jedoch gerechtfertigt ist, muss noch in Fachkreisen diskutiert werden.

Tab. 1   Ausnutzungen der Verbindung aus Beispiel 1 (gedrungene Verbindung)

M_y - neu	„Schlankheitseffekt" bei 1 Fließgelenk / 2 Fließgelenken			Überfestigkeit (S 355)	Ausnutzungsgrad
	0 % / 25%	10% / 25%	25% / 25%		
					1,26 *)
x					1,24
x	x				1,24
x		x			1,13
x			x		1,13
x				x	1,13
x	x			x	1,13
x		x		x	1,13
x			x	x	1,13

*) Derzeitiger Stand

Tab. 2   Ausnutzungen der Verbindung aus Beispiel 2 (schlanke Verbindung)

M_y - neu	„Schlankheitseffekt" bei 1 Fließgelenk / 2 Fließgelenken			Überfestigkeit (S 355)	Ausnutzungsgrad
	0 % / 25%	10% / 25%	25% / 25%		
					1,83 *)
x					1,62
x	x				1,45
x		x			1,31
x			x		1,30
x				x	1,35
x	x			x	1,35
x		x		x	1,23
x			x	x	1,08

*) Derzeitiger Stand

In den nachfolgenden Bildern sind nochmals die zulässigen Belastungen nach DIN 1052-„alt" zul N_{St} und die Tragfähigkeiten R_{vgl} unter Berücksichtigung folgender Einflussfaktoren für die in Abschnitt 2.2 bereits beschriebenen Fälle mit $n_h = 6$ dargestellt:

- modifizierte Gleichung für M_y,

- Ansatz einer Überfestigkeit des Stahles (S 355 anstatt S 235),

- 10% „Schlankheitseffekt" bei Ausbildung von 1 Fließgelenk und 25% bei Ausbildung von 2 Fließgelenken.

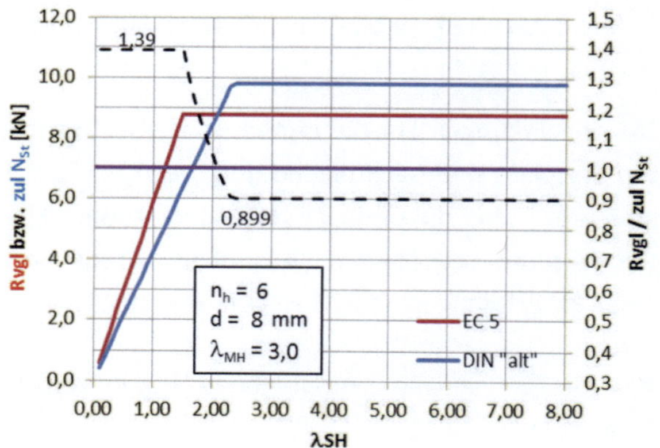

Abb. 28   Verhältnis R_{vgl} / zul N_{St} in Abhängigkeit von der Schlankheit des Seitenholzes: Neuauswertung mit M_y-neu, Schlankheitseffekt von 10% bei Auftreten von 1 Fließgelenk und 25% bei Auftreten von 2 Fließgelenken pro Scherfuge und Annahme von S. 355

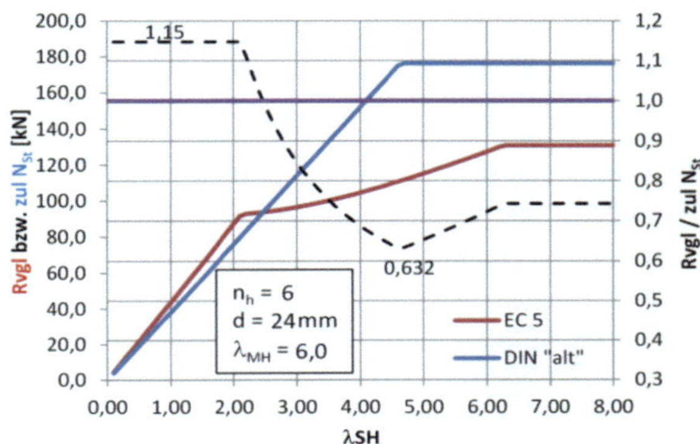

Abb. 29   Verhältnis R_{vgl} / zul N_{St} in Abhängigkeit von der Schlankheit des Seitenholzes: Neuauswertung mit M_y-neu, Schlankheitseffekt von 10% bei Auftreten von 1 Fließgelenk und 25% bei Auftreten von 2 Fließgelenken pro Scherfuge und Annahme von S 355

Ein Vergleich von *Abb. 29* mit *Abb. 4* zeigt, dass die Berücksichtigung der drei Effekte zu einer deutlichen Annäherung der berechneten Tragfähigkeiten führt.

8   Weitere Ergebnisse

8.1 n_{ef}

Die im Eurocode 5 verankerte Gleichung zur Berechnung der wirksamen Anzahl von Verbindungsmitteln n_{ef} wurde aus den Versuchen von Jorissen [3] abgeleitet.

Unter Einbeziehung aller verfügbaren Versuchsergebnisse wurden im Zuge des Forschungsprojekts zahlreiche Regressionsanalysen durchgeführt, mit dem Ziel eine „bessere" oder vielleicht einfachere Gleichung zur Berechnung von n_{ef} zu finden.

Die Auswertungen sind noch nicht abgeschlossen, es ist jedoch abzusehen, dass die derzeitige Gleichung weitgehend bestätigt wird, und zwar sowohl hinsichtlich der Form als auch der Größe der Abminderung.

8.2 Versetzte/nicht versetzte Anordnung

Nur in den Untersuchungen von Ehlbeck/Werner [4] und Kneidl [6] wurden Anschlüsse mit versetzter

und nicht versetzter Anordnung vergleichend untersucht.

In Abb. 30 sind die Verhältniswerte R_V/R_k (Versuchswert/ Tragfähigkeit nach Eurocode 5) für diese Versuche dargestellt.

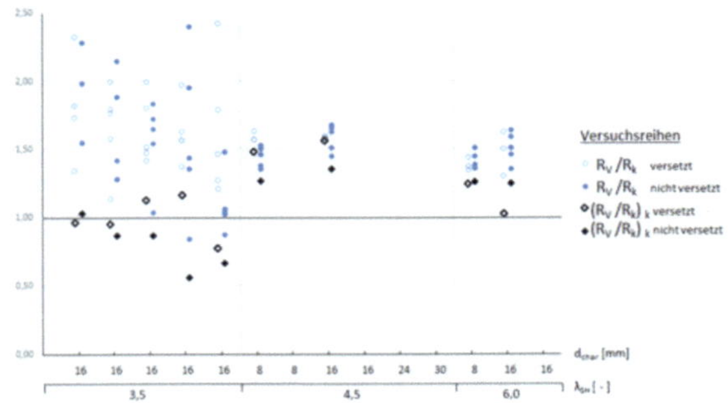

Abb. 30   Verhältniswerte R_V/R_k bei versetzter/nicht versetzter Anordnung

Aus diesem Bild ist kein signifikanter Unterschied zwischen den Verhältniswerten bei versetzter Anordnung („hohle" Markierungen) und nicht versetzter Anordnung (ausgefüllte Markierungen) zu erkennen. Dies gilt zumindest für die geprüften Durchmesser.

8.3 Zug-/Druckscherversuche

Die Ermittlung der Tragfähigkeit von Verbindungen ist in einem Druckversuch deutlich einfacher durchzuführen als in einem Zugversuch. Da es aber in einem Druckscherversuch zu einem Anpressen der Seitenhölzer an das Mittelholz kommt und damit Reibungskräfte aktiviert werden, die in einem Zugscherversuch nicht auftreten, werden in jüngerer Zeit vornehmlich Zugversuche durchgeführt (siehe Abb. 31).

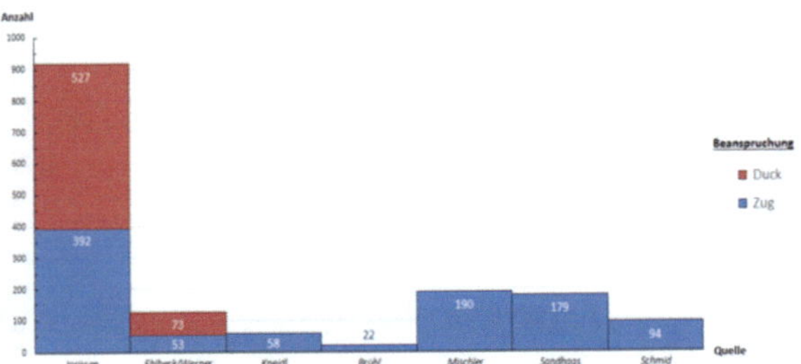

Abb. 31   Anzahl durchgeführter Zug- und Druckscherversuche

Wie aus Abb. 31 zu erkennen ist, wurden die meisten Druckscherversuche von Jorissen [3] durchgeführt, dessen Versuchswerte aber sehr gut mit den nach Eurocode 5 berechneten Tragfähigkeiten übereinstimmten (siehe auch Abb. 13). Hier ist kein signifikanter Unterschied zwischen Zug- und Druckscherversuchen zu erkennen. Allerdings hat Jorissen auch Gleitfolien in den Scherfugen zwischen Mittel- und Seitenhölzern angeordnet, um die Reibung zu minimieren.

9 Zusammenfassung

Insgesamt 1588 verfügbare Versuche aus 7 verschiedenen Forschungsarbeiten wurden zusammenfassend ausgewertet.

Die Auswertung der Versuche deutet darauf hin, dass die nach „alter" DIN 1052 berechneten zulässigen Werte um etwa 20 – 25% überschätzt waren und entsprechend unter dem heute geforderten Sicherheitsniveau lagen. Allerdings deutet eine systematische Schadensanalyse an Hallentragwerken aus Holz (Band 16 der Karlsruher Berichte zum Ingenieurholzbau) darauf hin, dass zwar bei der Ausführung von Verbindungen häufiger Fehler auftreten (etwa 20 % der Ausführungsfehler beziehen sich auf Verbindungsmittel), die Ausführungsfehler aber nur etwa 5 % der Fehlerquellen insgesamt darstellen. Mechanische Verbindungen sind daher deutlich unterdurchschnittlich als Ursache von Fehlern oder Schäden in Hallentragwerken aus Holz anzusehen. Dies gilt sicherlich auch für andere Holztragwerke. Daher wird es als nicht notwendig erachtet, unauffällige Konstruktionen ausschließlich wegen der möglicherweise rechnerisch zu geringen Tragfähigkeit von nach DIN 1052:1988 bemessenen Stabdübelverbindungen zu überprüfen. Die Überprüfung der Standsicherheit im Zuge der baurechtlich geforderten Instandhaltung von Gebäuden (z.B. auf Grundlage von [10]) ist ausreichend, mögliche Schäden in Verbindungen rechtzeitig zu erkennen.

Die Auswertungen deuten darauf hin, dass nach Eurocode 5 berechnete Tragfähigkeiten als konservativ angesehen werden können. Hier besteht noch „Luft" für höhere rechnerische Tragfähigkeiten.

So konnte anhand von Versuchen mit Stabdübeln, die im Zuge von Firmenüberwachungen entnommen wurden, eine modifizierte Gleichung für das Fließmoment M_y abgeleitet werden, die insbesondere bei Stabdübeln mit größeren Durchmessern höhere rechnerische Tragfähigkeiten ergibt.

Weiterhin zeigten die Untersuchungen, dass bei Stabdübelverbindungen, bei denen sich im Versagensfall (ein oder) zwei Fließgelenke ausbilden, ein zusätzlicher „Schlankheitseffekt" im Sinne einer pauschalen Tragfähigkeitssteigerung angesetzt werden könnte.

Inwieweit dieser „Schlankheitseffekt" auf eine bei schlanken Verbindungen gegebene geringere Spaltgefahr bei hintereinander liegenden Verbindungsmitteln zurückzuführen ist, konnte im Rahmen dieses Vorhabens nicht geklärt werden. Zur Klärung wären weitere Untersuchungen/Versuche erforderlich. Die mit Stabdübeln durchgeführten Versuche zeigten weiterhin, dass die vorhandenen Stahlfestigkeiten z.T. deutlich über den zugehörigen Nennfestigkeiten liegen.

Die Regelungen zur „alten" DIN 1052 wurden aus Versuchen abgeleitet, bei denen diese beiden Effekte (Schlankheit und Überfestigkeiten) enthalten waren. Das bedeutet, dass in den zulässigen Tragfähigkeiten nach „alter" DIN diese beiden Effekte implizit enthalten waren.

Unter Berücksichtigung dieser drei Erkenntnisse (modifizierte Gleichung für M_y, „Schlankheitseffekt", Überfestigkeiten bei Stahl) können die bestehenden Unterschiede zwischen den nach DIN 1052-„alt" und Eurocode 5 berechneten Tragfähigkeiten zumindest zu einem großen Teil erklärt werden.

Damit werden die Unterschiede in den berechneten Tragfähigkeiten deutlich geringer als dies auf Grundlage der beiden Regelwerke der Fall ist.

10 Literatur

[1] DIN 1052:1988: Holzbauwerke; Teil 2: Mechanische Verbindungen.

[2] DIN EN 1995-1-1:2010-12: „Eurocode 5: Bemessung und Konstruktion von Holzbauten - Allgemeines - Allgemeine Regeln und Regeln für den Hochbau.

[3] A. Jorissen, „Double shear timber connections with dowel type fasteners," Delft University Press, Delft, 1998.

[4] J. Ehlbeck und H. Werner, „Tragverhalten von Stabdübeln in Brettschichtholz und Vollholz verschiedener Holzarten bei unterschiedlichen Rißlinienanordnungen," Universität Fridericana Karlsruhe, Karlsruhe, 1989.

[5] F. Brühl, „Duktile Anschlüsse in Holzbau," Universität Stuttgart, Stuttgart, 2010.

[6] R. Kneidl, „Abschlussbericht zu experimentellen Untersuchungen von Stabdübelverbindungen," Bayrische Ingenieurkammer Bau, München, 2009.

[7] A. Mischler, „Bedeutung der Duktilität für das Tragverhalten von Stahl-Holz-Bolzenverbindungen," ETH Zürich, Zürich, 1998.

[8] C. Sandhaas, „MECHANICAL BEHAVIOUR OF TIMBER JOINTS WITH SLOTTED-IN STEEL PLATES," Technische Universiteit Delft, Delft, 2012.

[9] M. Schmid, „Anwendung der Bruchmechanik auf Verbindungen mit Holz," Universität Karlsruhe, Karlsruhe, 2002.

[10] Hinweise für die Überprüfung der Standsicherheit von baulichen Anlagen durch den Eigentümer/Verfügungsberechtigten, Bauministerkonferenz, 2006.

11 Autoren

Prof. Dr.-Ing. François Colling

Institut für Holzbau, Hochschule Augsburg
An der Hochschule 1
86161 Augsburg

Kontakt: www.ifh-augsburg.de
francois.colling@hs-augsburg.de

Univ. Prof. Dr.-Ing. Hans-Joachim Blaß

Karlsruher Institut für Technologie (KIT)
Holzbau und Baukonstruktionen
R.-Baumeister-Platz 1
76131 Karlsruhe

Kontakt:
Hans.Blass@kit.edu

Gebäudeklima – Auswirkungen auf Konstruktion und Dauerhaftigkeit von Holzbauwerken

Andreas Gamper, Philipp Dietsch, Michael Merk, Stefan Winter

Zusammenfassung

Die Auswertung von Schäden an weitgespannten Holztragwerken zeigt als überwiegend festgestelltes Schadensbild ausgeprägte Rissbildungen in Klebfugen und Lamellen von Brettschichtholzbauteilen. Ein wesentlicher Anteil an der Entstehung dieser Schäden wird starken klimatischen Schwankungen innerhalb von Gebäuden und den damit verbundenen Schwind- und Quellvorgängen in den Holzbauteilen zugesprochen. Im Hinblick auf diesen Sachverhalt wurden mittels Langzeitmessserien klimatische Bedingungen in für den Holzbau typischen Gebäudetypen und -nutzungen sowie den daraus resultierenden Holzfeuchten in unterschiedlichen Bauteiltiefen ermittelt. Die gemessenen Holzfeuchten ermöglichen Rückschlüsse auf die Größe und Geschwindigkeit ihrer jahreszeitlichen Anpassung an sich ändernde Umgebungsbedingungen. Ein Vergleich der Ergebnisse der einzelnen Nutzungen bestätigt die erwartete große Bandbreite der möglichen klimatischen Bedingungen in Gebäuden mit Holztragwerken. Die Ergebnisse erlauben die Angabe von Bereichen sich einstellender Ausgleichs-feuchten in Abhängigkeit der konkreten Nutzung, wodurch ein Einbau des Holzes mit einer vorher angepassten Holzfeuchte ermöglicht wird. Sie unterstützen zudem die Entwicklung entsprechender Monitoringsysteme, die z.B. in Form von Frühwarnsystemen auf Basis von Klimamessungen eingesetzt werden könnten. Es werden konkrete Vorschläge für die praktische Anwendung der Forschungsergebnisse gegeben.

1 Einleitung und Hintergrund

Die Auswertung von Schäden an weitgespannten Holztragwerken ([1]-[3]) zeigt als überwiegend festgestelltes Schadensbild ausgeprägte Rissbildungen in den Klebfugen und Lamellen von Brettschichtholzbauteilen.

Die Abbildungen 1 und 2 zeigen die typischen Arten von Schäden und Schadensursachen aus einer Auswertung von Untersuchungen an 245 weitgespannten Holztragwerken [4]. Die Gesamtzahl der dargestellten Schäden und Schadensursachen übersteigt die Gesamtzahl der erfassten Bauwerke, da ein Bauwerk mehr als ein schadhaftes Bauteil enthalten kann.

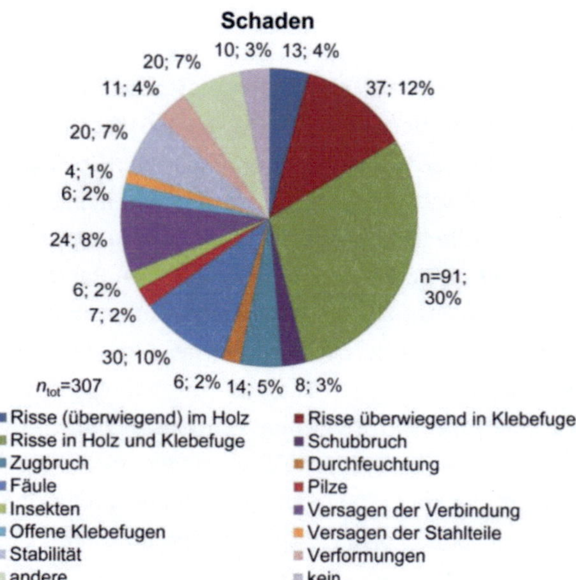

Abb. 1   Arten von Schäden [4].

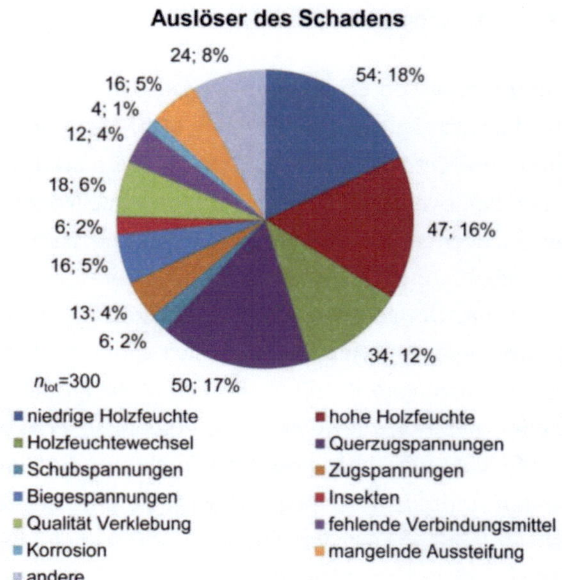

Abb. 2   Auslöser des Schadens [4].

Fast die Hälfte der Schäden kann auf eine sehr niedrige oder hohe Holzfeuchte bzw. auf starke Schwankungen derselben zurückgeführt werden. Die daraus resultierende Feuchtegradiente (Holzfeuchtegefälle) und die zugehörigen Schwind- bzw. Quellerscheinungen führen zu inneren Spannungen im Querschnitt, welche bei Überschreitung der sehr geringen Querzugfestigkeit von Holz in Form von Rissen abgebaut werden.

Niedrige oder hohe Holzfeuchten bzw. starke Schwankungen derselben konnten in einigen Fällen auf lokale Gegebenheiten (z.B. Dachundichtigkeiten) zurückgeführt werden. In der großen Mehrheit der Fälle resultierten diese jedoch aus den klimatischen Bedingungen im Gebäude und deren saisonalen Schwankungen. Beide sind in großem Maße abhängig von der Bauweise und Nutzung des Gebäudes. Abbildung 3 zeigt die im Rahmen von Untersuchungen an den erfassten Bauwerken gemessenen Holzfeuchten und Umgebungsbedingungen, in Abhängigkeit von der Nutzungsklasse.

Sollten im Rahmen der Untersuchungen an einem Bauteil mehrere Messungen vorgenommen worden sein, so stellt der angegebene Wert das Mittel dieser Messungen dar. Bei Holzfeuchtemessungen in mehreren Tiefen wurde das Mittel aus den oberflächennahen Messungen gebildet. Es ist anzumerken, dass die in Abbildung 3 gegebenen Messwerte Momentaufnahmen darstellen. Sie ermöglichen keine Aussage zur Holzfeuchte bei Inbetriebnahme des Gebäudes sowie zu jahreszeitlichen Schwankungen der Holzfeuchte.

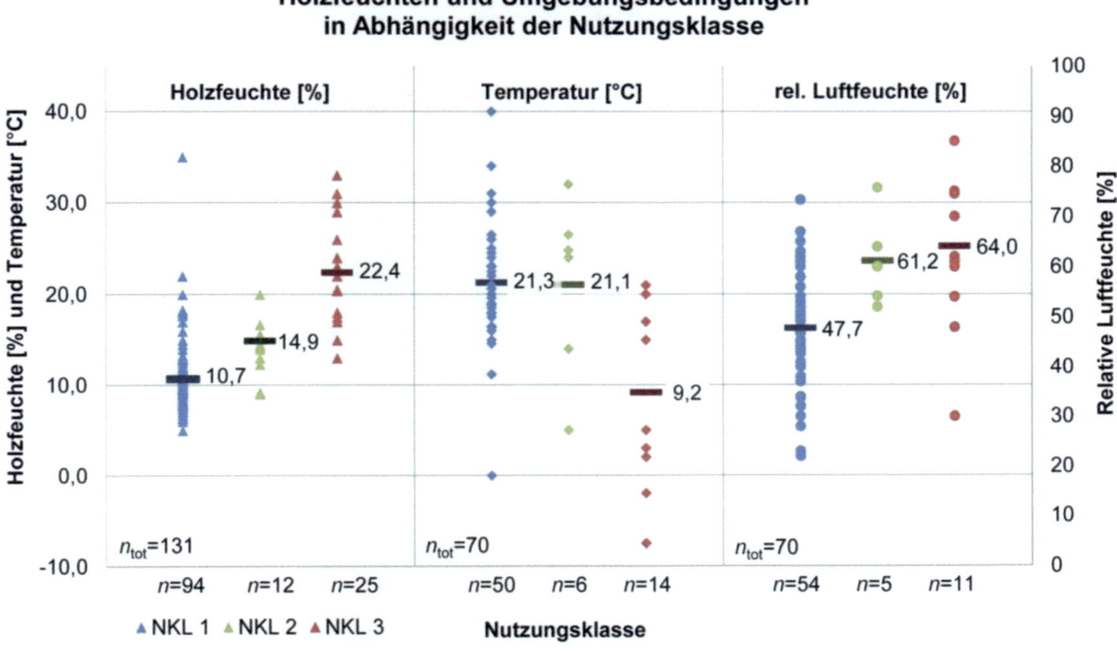

Abb. 3   Holzfeuchten und Umgebungsbedingungen in Abhängigkeit der Nutzungsklasse (NKL) [4].

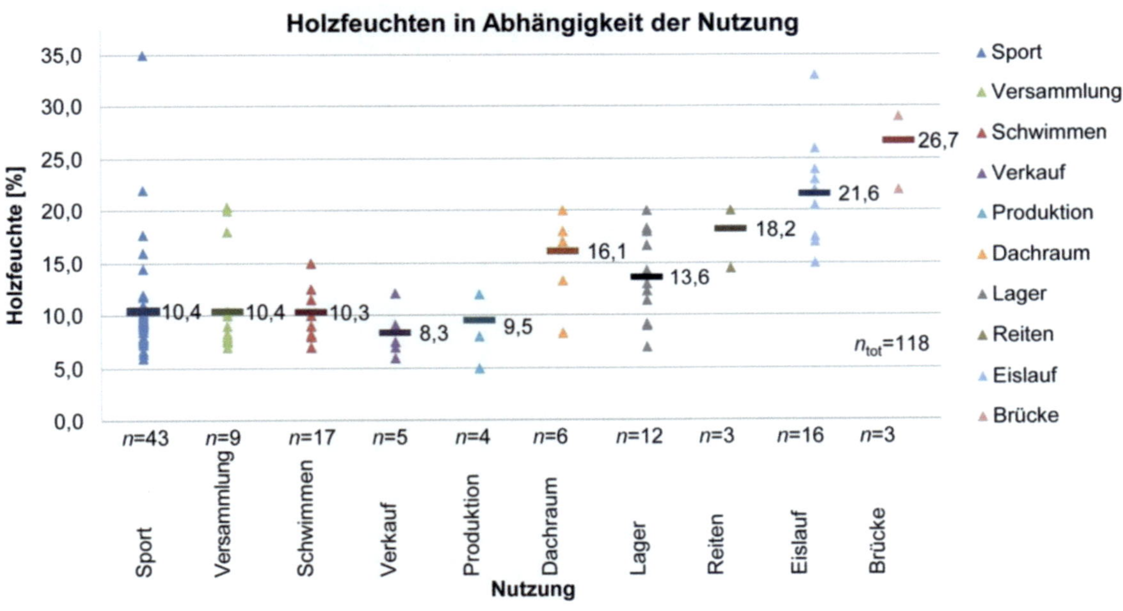

Abb. 4   Holzfeuchten in Abhängigkeit der Nutzung (NKL) [4].

Die Auswertung der gemessenen Holzfeuchten zeigt in der Nutzungsklasse 1 (NKL 1) eine starke Streuung bei einem Mittel von 10,7 %. Auch die zugehörigen Messwerte der Temperatur (T) und relativen Luft- feuchte (RF) zeigen eine starke Streuung. Die Holz- feuchten der Bauteile in Nutzungsklasse 2 (NKL 2) zeigen (bei geringerer Datenmenge) eine kleinere Streuung um ein Mittel von 14,9 %. In Nutzungsklasse 3 zeigt sich erwartungsgemäß das höchste Mittel von 22,4 % bei großer Streuung der Werte. Die Mittelwerte korrespondieren gut mit den in [1] gegebenen Werten.

Die große Bandbreite der Holzfeuchten, Temperaturen und relativen Luftfeuchten, welche an Holztragwerken in Nutzungsklasse 1 gemessen wurden, ist auf die Diversität der Nutzungen der in Nutzungsklasse 1 eingruppierten Gebäude zurückzuführen. Aus diesem Grund wurde in [4] eine weitere Differenzierung der Holzfeuchten in Abhängigkeit der Nutzung der Bauwerke vorgenommen, vgl. Abbildung 4. Hierbei wurden nur Nutzungen aufgenommen, für die an mindestens drei unterschiedlichen Bauwerken Messwerte der Holzfeuchte vorhanden waren.

Im Fall von (weitgespannten) Holztragwerken ist die Messung der Holzfeuchte in unterschiedlichen Bauteiltiefen von besonderem Interesse, um Rückschlüsse auf die Größe und Geschwindigkeit der Anpassung der Holzfeuchteverteilung an sich ändernde Umgebungs-bedingungen zu erhalten. Obwohl frühere Forschungsvorhaben die Langzeitmessung von Holzfeuchte und/oder Temperatur und relativer Luftfeuchte zum Thema hatten [6] – [13], war keines dieser Vorhaben unter der Zielsetzung durchgeführt worden, einen Vergleich zwischen Holztragwerken in Gebäuden unterschiedlicher Art und Nutzung zu ermöglichen.

Gleiches gilt für die in-situ Langzeitmessung der Holzfeuchte in unterschiedlichen Tiefen der eingebauten Bauteile (Phase „Betrieb" in Abbildung 5, siehe Abs. 2.1). Beide Zielsetzungen wurden im Folgenden vorgestellten Forschungsvorhaben verfolgt.

2 Durchführung des Forschungsvorhabens

2.1 Einführung

Die Reaktion von Holz gegenüber Feuchtigkeit ist integraler Bestandteil jeder Auseinandersetzung mit diesem natürlichen Rohstoff. Dies gilt auch für die Planung, Realisierung und Instandhaltung von Holz-

Die Holzfeuchten von Bauteilen in geschlossenen, beheizten Gebäuden sind häufig sehr gering. Würde man die Bauteile herausnehmen, die aufgrund lokaler Undichtigkeiten bzw. fehlerhafter bauphysikalischer Dachaufbauten sehr hohe Holzfeuchten aufwiesen, lägen die Mittelwerte der Holzfeuchten in geschlossenen, beheizten Gebäuden allesamt unter 10 %. Insgesamt wiesen 47 % der untersuchten Bauteile Holzfeuchten von 10 % und geringer auf. Die für Reithallen ($u_{MW,Reiten}$ = 18,2 %) und Eissporthallen ($u_{MW,Eislauf}$ = 21,6 %) ermittelten Werte stützen deren Einstufung in Nutzungsklasse 2 respektive Nutzungsklasse 3 [5].

Aussagen über den Verlauf und das Ausmaß saisonaler Schwankungen können nur durch Langzeitmessungen von Klimadaten (Temperatur, relative Luftfeuchte) und Holzfeuchte erreicht werden.

tragwerken. Holz durchläuft vom Einschlag bis zur vorgesehenen Verwendung, z.B. als tragendes Bauteil, mehrere Phasen der Bearbeitung und Gestalt, während es unterschiedlichen Umgebungsbedingungen unterworfen ist. Der Einfluss auf die Holzfeuchte kann anhand der in Abbildung 5 dargestellten „Feuchtekette" (Feuchteentwicklung) beispielhaft illustriert werden.

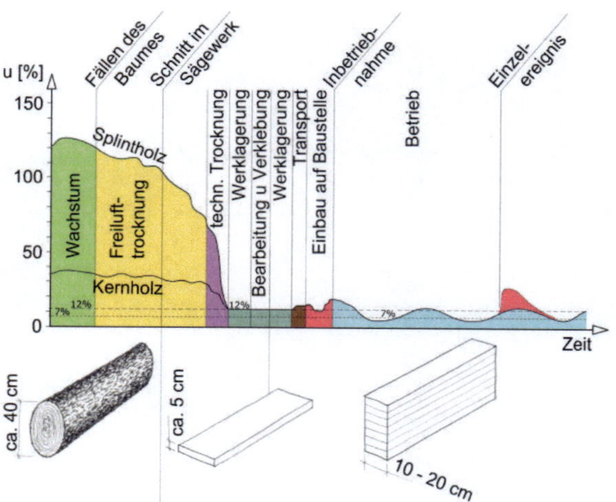

Abb. 5   Skizze einer möglichen „Feuchtekette", d.h. Feuchtebeanspruchung vom Baum bis zum Brettschichtholz im Tragwerk (Holzfeuchten indikativ).

Änderungen des Feuchtegehalts von Holz bedingen Änderungen nahezu aller physikalischer und mechanischer Eigenschaften (z.B. Festigkeiten) dieses

Baustoffs. Normativ wird dies berücksichtigt, indem Holzbauteile entsprechend dem Umgebungsklima während ihrer vorgesehenen Nutzungsdauer in eine von drei möglichen Nutzungsklassen eingeordnet werden [14]. Ein weiterer Effekt von Holzfeuchteänderungen sind die daraus resultierenden Quell- und Schwinderscheinungen im Holz. Da die Aufnahme und Abgabe von Feuchte über die Oberflächen der Holzbauteile erfolgt, passen sich die äußeren Schichten schneller an die klimatischen Bedingungen an als innenliegende Bereiche. Das daraus resultierende Holzfeuchtegefälle (Feuchtegradiente) und die zugehörigen Schwind- bzw. Quellerscheinungen führen zu inneren Spannungen im Querschnitt. Diese Spannungen werden zwar durch Relaxationsvorgänge ab-gemindert, bei der Überschreitung der sehr geringen Querzugfestigkeit von Holz erfolgt jedoch ein Spannungsabbau in Form von Rissen, welche zu einer Reduktion der Beanspruchbarkeit des Bauteils gegenüber z.B. Schub- oder Querzugbeanspruchungen führen.

2.2 Untersuchte Nutzungen und Gebäudeauswahl

Im Rahmen des Forschungsvorhabens wurden in zwei Messperioden von je einem Jahr Langzeitmessungen von Holzfeuchte, Temperatur und relativer Luftfeuchte in insgesamt 21 Gebäuden mit weitgespannten Holztragwerken realisiert. Alle Gebäude befinden sich in der Umgebung von München (Entfernung < 120 km). Die Gebäude waren sieben unterschiedlichen Nutzungen zuzuordnen, siehe Tabelle 1. Alle Gebäude der Nutzungen „Schwimmhalle", „Sporthalle" sowie „Produktions- und Verkaufshalle" sind beheizt und besitzen eine geschlossene Gebäudehülle, während alle Gebäude der Nutzungen „Reithalle", „Landwirtschaftliche Halle" und „Lagerhalle" unbeheizt sind und teiloffene Gebäudehüllen aufweisen. Im Fall der Eissporthallen wurden nur geschlossene Objekte (klimatisiert sowie nicht klimatisiert) ausgewählt, da für teiloffene Eissporthallen schon Ergebnisse vorliegen [10], [12]. Die Fortführung der Langzeitmessung in Messperiode II wurde auf zehn Objekte aus fünf Nutzungen mit stark schwankenden Hallenklima beschränkt (siehe Tabelle 1).

Tab. 1   Gewählte Nutzungen und Anzahl der Objekte je Nutzung und Messperiode.

Kat.	Nutzung	Anzahl in Mess-periode I	Anzahl in Mess-periode II
A	Schwimmhalle	3	0
B	Eissporthalle	4	2
C	Reithalle	3	2
D	Sporthalle	3	0
E	Produktion und Verkauf	2	2
F	Landwirtschaftliche Halle	3	2
G	Lagerhalle	3	2
		21	10

Bei der Auswahl der Objekte wurde darauf geachtet, die holzbautypischen Bauweisen und Tragsysteme abzudecken. Die Auswahl wurde beschränkt auf Brettschichtholzbauteile aus Nadelholz mit einer Mindestbreite von 140 mm. In jedem Objekt wurden die Daten an zwei Messstellen erhoben, um auch über die Hallenfläche hinweg möglicherweise variierende Bedingungen (z.B. Sonneneinstrahlung oder Einfluss haustechnischer Anlagen) zu erfassen. Alle notwendigen Informationen (Gebäudehülle, Umgebungsbedingungen, Klimatisierung, Tragsystem, Bauteilabmessungen, Oberflächenbehandlung und Lage der Messstellen) wurden in Objektinformationsblättern aufbereitet, inklusive Grundriss und Schnitt des Objektes sowie Fotodokumentation [23].

2.3 Verwendetes Messverfahren

Als Messverfahren wurde das Widerstandsmessverfahren gewählt, da diese Methode in Fachkreisen den allgemein anerkannten Stand der Technik darstellt. Zudem ist mit dieser bewährten und bis dato meist verwendeten Methode eine zerstörungsfreie Messung der Holzfeuchtegradiente über den Holzquerschnitt möglich (siehe z.B. [15]) Für eine ausführliche Beschreibung des Widerstandsmessverfahrens sowie eine Übersicht und einen Vergleich mit alternativen Verfahren zur kontinuierlichen Holzfeuchtemessung wird der interessierte Leser auf [16] verwiesen.

Das gewählte Messverfahren beruht auf der Messung des elektrischen Widerstandes bzw. der Leitfähigkeit von Holz. In Zusammenarbeit mit einem Projektpartner wurde ein geeignetes Messsystem entwickelt und konfiguriert. Da das Messsystem auch sehr geringe Holzfeuchten erfassen musste, war die Messbarkeit sehr hoher elektrischer Widerstände erforderlich (z.B. 6 % Holzfeuchte in Fichte ≈ 10^{11} Ω). Vor der eigentlichen Installation der Messtechnik in den Gebäuden wurde das System testweise an Probekörpern aus Fichten-Brettschichtholz installiert und in Klimakammern der Prüfstelle Holzbau der TU München sehr trockenen, sehr feuchten und stark schwankenden Klimabedingungen ausgesetzt. Die kontinuierlich gemessenen Holzfeuchten wurden durch zyklische Vergleichsmessungen mit einem kalibrierten Referenz- Messgerät (GANN Hydromette RTU 600) verglichen. Es konnte weder ein wesentlicher Unterschied in den Messergebnissen der beiden Systeme noch bei Verwendung unterschiedlicher Typen von Messelektroden festgestellt werden. Dies belegt die Genauigkeit und Robustheit des gewählten Verfahrens der Widerstandsmessung.

Für eine weitere Verifizierung wurden zwei voneinander unabhängige Serien von jeweils 4 x 6 Probekörpern aus Fichte (ℓ x b x h = 85 x 60 x 30 mm) vier verschiedenen, kontrollierten klimatischen Umgebungsbedingungen (20 °C / 45 % RF; 20 °C / 65 % RF; 20 °C / 85 % RF und 20 °C / 100 % RF) ausgesetzt. Nachdem die Probekörper Gewichtskonstanz erreicht hatten, wurde die Holzfeuchte der Probekörper mit der für das Forschungsprojekt ausgewählten Messtechnik (Scanntronic Gigamodul) und zwei Referenz-Messgeräten (GANN Hydromette RTU 600 und Greisinger GMH 3850) bestimmt. Durch anschließende Trocknung im Darrofen wurde der tatsächliche Feuchtegehalt ermittelt. Innerhalb der Bandbreite der im Forschungsvorhaben gemessenen Holzfeuchten (u_{max} = 19 %) ergaben sich gute Übereinstimmungen für Holzfeuchten zwischen 12 % und 18 % (Δu < 0,5 %). Für die trockenen Probekörper ergaben sich max. Abweichungen von Δu = 1,3 %, wobei die für das Forschungsprojekt ausgewählte Messtechnik wie auch die Referenzmessgeräte die niedrigen Holzfeuchten tendenziell unterschätzten.

Die Abweichungstoleranz von handelsüblichen Holzfeuchtemessgeräten liegt im Bereich von ± 1,0 %.

2.4 Installation der Messtechnik, Auslesen und Auswerten der Messwerte

Für die Messung der Holzfeuchteverteilung über den Querschnitt wurden je Messstelle vier Paare teflonisolierter Einschlagelektroden (GANN) unterschiedlicher Länge verwendet, die eine Feuchtemessung in genau definierten Schichten des Bauteils ermöglichen. Mittels einer Montagehilfe wurden die Messelektroden in einer Lamelle und paarweise senkrecht zur Faser angeordnet. Über speziell angefertigte, abgeschirmte Koaxialkabel wurden die Messelektroden an das Materialfeuchtemessgerät angeschlossen. Dieses ermöglicht eine Bestimmung von Materialfeuchten an bis zu acht Kanälen, welche bei der stündlichen Messung separat angesteuert wurden, um eine gegenseitige Beeinflussung zu verhindern. Die so erzeugten Messwerte der zwei Messstellen wurden anschließend an einen Datenlogger weitergeleitet. Über Sensoreinheiten für relative Luftfeuchte und Lufttemperatur wurden die Klimadaten aufgezeichnet. Durch zwei externe Sensoren wurden zudem die Oberflächentemperaturen an den beiden Messstellen erfasst um eine Referenztemperatur für die Temperaturkompensation der Holzfeuchtemesswerte zu erhalten.

Vor Beginn der zweiten Messperiode wurde die Messtechnik an bisher gewonnene Ergebnisse angepasst. So wurden die Elektrodenköpfe isoliert, um ein Kurzschluss der Messkanäle zu verhindern. Die gesamte Messtechnik wurde zum Schutz vor äußeren Einflüssen in einem Elektro-Installationsgehäuse untergebracht. Die Anzahl der Klimasensoren wurde auf zwei erhöht, um die Temperatur und die relative Luftfeuchte der umgebenden Luft an der Oberfläche der Träger im direkten Umfeld der Messstellen zu erfassen. Die Materialtemperatur wurde an beiden Messstellen mit je zwei Temperatursensoren in 20 und 40 mm Tiefe erfasst. Eine schematische Übersicht der verwendeten Messtechnik ist in Abbildung 6 gegeben.

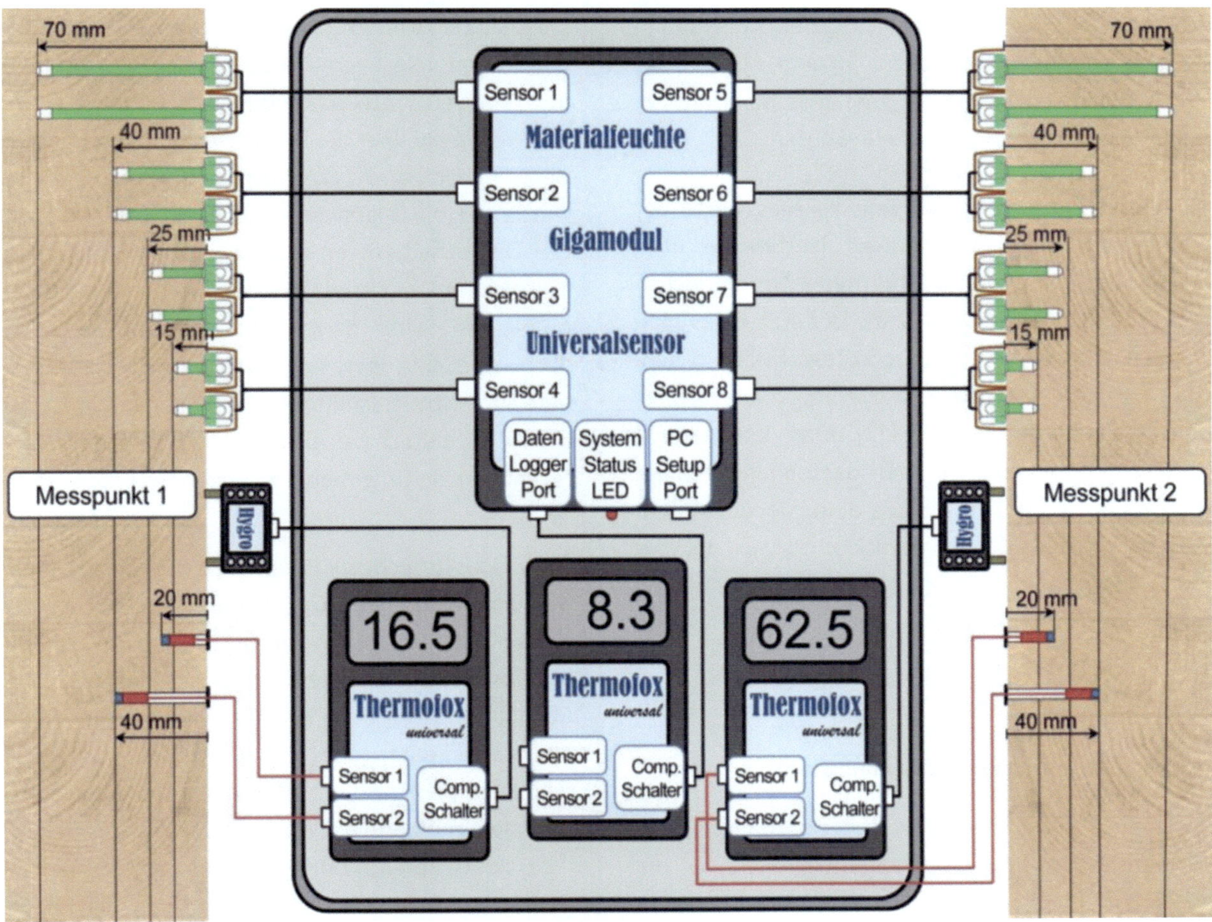

Abb. 6   Systematische Darstellung der verwendeten Messtechnik (vor Messperiode II angepasst).

Die gespeicherten Messdaten wurden über die Messzeiträume hinweg mehrfach manuell ausgelesen. Gleichzeitig wurden eine Funktionskontrolle sowie eine Referenzmessung mit einem anderen Messgerät durchgeführt. Dabei fiel auf, dass das chlorhaltige Klima in den Schwimmbädern zum zeitweisen Ausfall der kapazitiven Feuchtesensoren führte. Dies konnte durch den Einsatz von digitalen, betauungsresistenten Sensoren behoben werden. In einer Eissporthalle (B2) führte die Stromleitung der Hallenbeleuchtung auf der gegenüberliegenden Trägerseite zu einer zeitweisen Veränderung der Messwerte über den Zeitraum des Betriebes der Beleuchtung. Tauwasserbildung führte in einzelnen Objekten (z.B. C3 und G1) zu einem Kurzschluss zwischen den nicht isolierten Steckverbindungen zweier Messelektroden und damit zu einer Verfälschung der Messwerte über die Dauer von maximal drei Tagen. In diesen Fällen wurden die zugehörigen Messdaten durch eine lineare Interpolation zwischen dem letzten und ersten Satz korrekter Messdaten ersetzt.

Zur Auswertung der Daten wurde ein Programm erarbeitet welches es ermöglicht, die Daten am Ende der geplanten Messdauer einzulesen, weiterzuverarbeiten und grafisch in verschiedenen Diagrammen zu veranschaulichen. Bei der Umrechnung der Widerstände aus den Rohdaten in Holzfeuchtewerte wurde gleichzeitig eine Kompensation des Temperatureinflusses vorgenommen. Hierzu wurde der Temperaturverlauf über den Querschnitt der jeweiligen Messstelle aus den gemessenen Oberflächentemperaturen über das explizite Euler-Verfahren [17] und unter Verwendung der in [18] angegebenen Werte zur Temperaturleitfähigkeit von Holz (siehe auch [19], [20]) errechnet. Eine Anpassung hinsichtlich der in den Laborversuchen festgestellten Abweichungen zwischen der mit der gewählten Messtechnik und der über die Darrmethode ermittelten Holzfeuchte wurde nicht vorgenommen, da die gemessenen Holzfeuchten durchweg in einem Bereich lagen, in dem nur geringe Unterschiede (max. $\Delta u = 1{,}3$ %) zwischen den beiden Messmethoden festgestellt wurden.

Zu Vergleichszwecken wurden die Messwerte der Temperatur und der relativen Luftfeuchte dazu verwendet, die in den oberflächennahen Bereichen herrschende Ausgleichsfeuchte in Form eines gleitenden Durchschnitts über zehn Tage zu berechnen. Hierzu wurde das theoretische Sorptions- Modell von Hailwood & Horrobin [21] unter Verwendung der in [22] gegebenen Koeffizienten angewendet (siehe auch [19]). Der Einfluss filmbildender Anstriche wurde hierbei nicht berücksichtigt, da der Typ der Oberflächenbehandlung nicht mehr eindeutig bestimmt werden konnte.

3 Ergebnisse

3.1 Aufbereitung und Darstellung

In den betrachteten Auswertezeiträumen vom 1. Oktober 2010 bis 30. September 2011 für die Messperiode I und vom 1. April 2013 bis 31. März 2014 für die Messperiode II wurden insgesamt über

3,6 Millionen Messwerte erfasst. Die aus den Datenloggern ausgelesenen Daten wurden als Verläufe der relativen Luftfeuchte und der Temperatur an der Messstelle über die Zeit (Ganglinien) dargestellt, siehe Abbildung 7. Die gleiche Darstellungsweise wurde für die Messwerte der Holzfeuchte in den vier Querschnittstiefen gewählt, siehe Abbildung 8. In gleichem Diagramm ist zusätzlich die berechnete Ausgleichsfeuchte dargestellt. Aus den Verläufen der Holzfeuchte lässt sich mit zunehmender Messtiefe im Holzquerschnitt sowohl eine gedämpfte als auch eine zeitlich verzögerte Anpassung der Holzfeuchte an die Umgebungsbedingungen erkennen.

Für die Holzfeuchte wurden zudem grafische Auswertungen über den Querschnitt erstellt. Dies ermöglicht die Darstellung von Umhüllenden der minimalen und maximalen Holzfeuchtewerte, siehe Abbildung 9, wie auch der Umhüllenden der Holzfeuchtegradienten grad(u) = du / dx über den Querschnitt, siehe Abbildung 10. Mit zunehmender Tiefe sinkt die Amplitude der Holzfeuchte bzw. Holzfeuchtegradiente aufgrund der dämpfenden Wirkung der zwischen Messpunkt und Oberfläche liegenden Holzschicht.

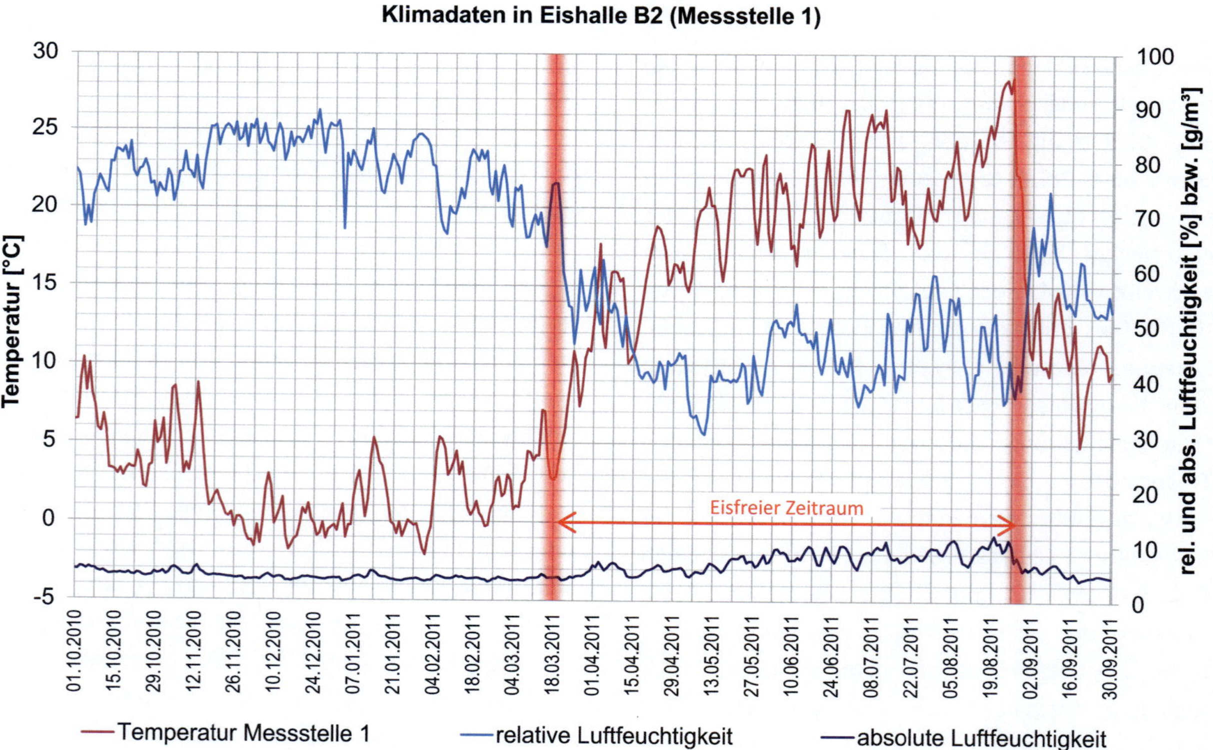

Abb. 7   Verlauf der relativen und absoluten Luftfeuchtigkeit sowie der Referenztemperatur über den betrachteten Zeitraum der Messperiode I am Beispiel der Eissporthalle B2.

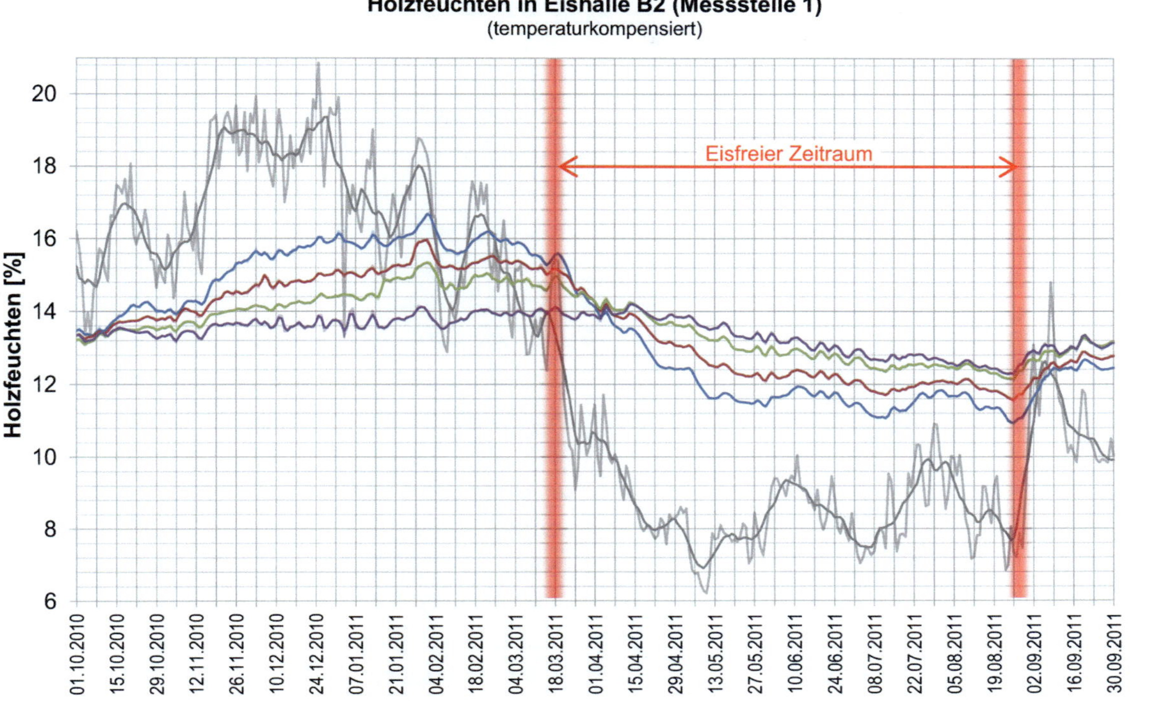

Abb. 8   *Verlauf der Holzfeuchte in unterschiedlichen Querschnittstiefen über den betrachteten Zeitraum der Messperiode I am Beispiel der Eissporthalle B2.*

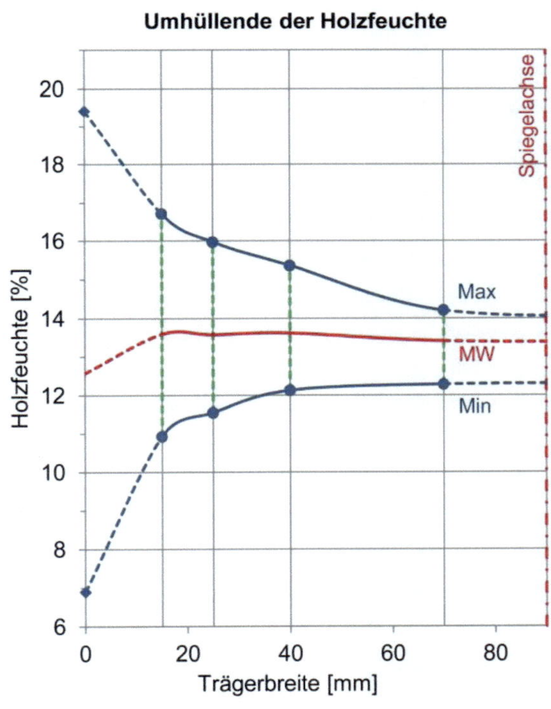

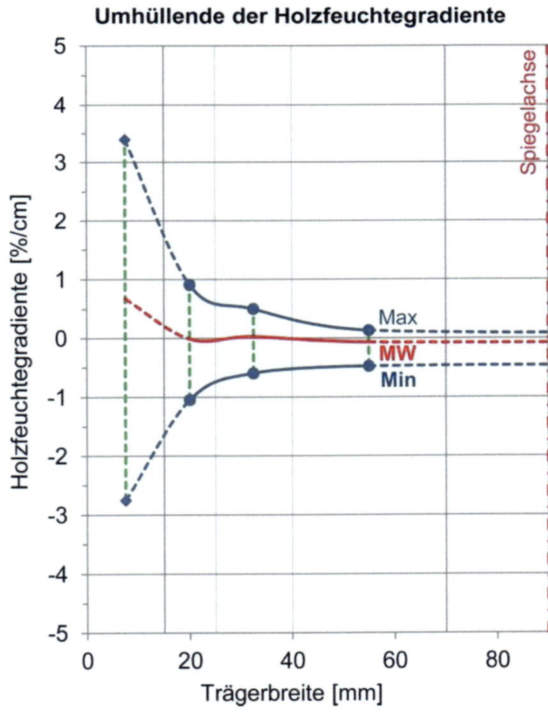

Abb. 9   *Umhüllende der Holzfeuchte über den Querschnitt des Tragwerks am Beispiel der Eissporthalle B2.*

Abb. 10   *Umhüllende der Holzfeuchtegradiente über den Querschnitt des Tragwerks am Beispiel der Eissporthalle B2.*

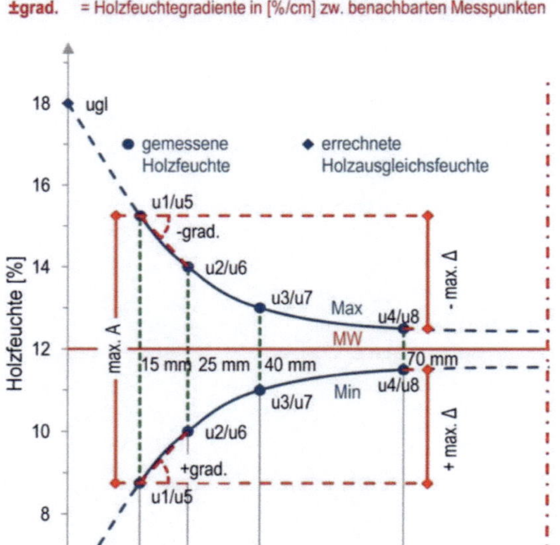

Abb. 11 Schematische Darstellung des maximalen und minimalen umhüllenden Feuchteverlaufs im Holzquerschnitt mit Bezeichnung der ausgewerteten Größen.

3.2 Ergebnisse und Anmerkungen zu den untersuchten Nutzungsarten

Eine Zusammenfassung der Ergebnisse aller Objekte, sortiert nach Nutzungsart, ist in Tabelle 2 gegeben. Diese Darstellungsweise wurde gewählt, da eine graphische Auswertung zwar unmittelbar verständlich ist, jedoch keinen schnellen und prägnanten Überblick und Vergleich der Ergebnisse aller Objekte zulässt. Für die grafische Auswertung aller Ergebnisse wird auf den Schlussbericht zum Forschungsvorhaben [23] verwiesen. Die tabellarische Zusammenfassung enthält neben den ermittelten Mittelwerten von Luftfeuchte (RF), Temperatur (T) (jeweils beruhend auf Tagesmittelwerten) und Holzfeuchte (u), für alle drei Parameter auch die maximale Amplitude (A), d.h. die Differenz zwischen größtem und niedrigstem über den Messzeitraum ermittelten Messwert. Für die Holzfeuchte ist zudem die maximale Gradiente der Holzfeuchte grad(u) = du/dx zwischen zwei benachbarten Messstellen sowie die maximale Holzfeuchtedifferenz zwischen äußerstem (15 mm) und innerstem (70 mm) Messpunkt angegeben. Eine graphische Erläu-

terung der in Tabelle 2 aufgeführten Daten enthält Abbildung 11.

Ein Vergleich der Ergebnisse der einzelnen Nutzungen bestätigt die erwartete große Bandbreite der möglichen klimatischen Bedingungen in Gebäuden mit Holztragwerken. Über alle Nutzungen hinweg betrachtet, lagen die mittleren Holzfeuchten zwischen 4,4 % und 17,1 %, wobei der untere Grenzwert als Sonderfall betrachtet werden muss. Die Holzfeuchtegradienten fallen in gedämmten und klimatisierten Gebäuden geringer aus als in Gebäuden mit stärkerem Einfluss des jahreszeitlich schwankenden Aussenklimas. Falls nicht gesondert erwähnt, stellen die im Folgenden angegebenen Zahlenwerte zu Holzfeuchte (u), Temperatur (T) und relativer Luftfeuchte (RF) Mittelwerte dar.

In den untersuchten Schwimmhallen (Objekte „A") wurden während des laufenden Betriebes sehr konstante, hinsichtlich der Ausgleichsfeuchte der Holzbauteile unkritische Randbedingungen (T ≈ 30 °C, 50 % RF) festgestellt. Die Holzfeuchten lagen im Mittel bei 8,5 % und wiesen geringe Schwankungen (jährliche Amplitude A = 1,5 %) und kleine Gradienten auf. Ausnahmen bilden Übergangsbereiche zum Aussenklima (z.B. zu Außenbecken), in denen aufgrund des Absinkens der Temperatur sehr hohe Luftfeuchten auftreten können, die zudem stärkeren Schwankungen unterworfen sind (Objekt A2). Aufgrund der geringen festgestellten klimatischen Beanspruchung der Holztragwerke in Schwimmhallen wurden die Objekte dieser Nutzungskategorie für die zweite Messperiode nicht weiter betrachtet.

Auch in Sporthallen (Objekte „D") wurde durchgängig ein konstantes Klima beobachtet, welches mit relativen Luftfeuchten zwischen 40 % und 50 % eher trocken ist. Da alle Objekte beheizt waren, lagen die Temperaturen meist konstant um 20 °C. Daraus ergeben sich Holzfeuchten im Bereich von 8 % bis 10 % die sich über das Jahr hinweg nur wenig verändern (Amplitude A ≈ 2 %). Objekt D1 stellt eine Ausnahme dar, da sich die Hauptträger unterhalb von Lichtkuppeln befinden. Dies resultierte in hohen Temperaturen und geringen relativen Luftfeuchten (28 % RF). Mit Holzfeuchten zwischen 4 % und 6 % waren die Querschnitte dieses Tragwerkes sehr trocken. Es ist anzumerken, dass die verwendete

Messtechnik die Holzfeuchte trockener Bauteile tendenziell leicht unterschätzt (max. $\Delta u \approx 1{,}3\,\%$), siehe Abschnitt 2.2. Für alle Objekte gilt, dass die während des Betriebes ermittelten Holzfeuchtegradienten sehr gering sind. Hinsichtlich einer Fortführung der Langzeitmessungen wurden Sporthallen daher nicht weiter betrachtet.

Das in den beiden untersuchten Objekten „E" „Produktion und Verkauf" in Messperiode I gemessene Klima ist aufgrund der sehr unterschiedlichen Nutzung nur partiell miteinander vergleichbar. Das Messobjekt E2 repräsentiert eine außergewöhnliche Nutzung. Aufgrund von Schmiedearbeiten (Sinterofen) herrschten unter dem Dach sehr hohe Temperaturen (teilweise über 30 °C) bei einer gleichzeitig sehr geringen Luftfeuchte, die über lange Zeit unter 20 % lag. Dies erklärt die in Messperiode I durchschnittlich gemessenen Holzfeuchten von unter 5 %. Gegen Ende der Messperiode I wurde, aufgrund einer geplanten Umnutzung, die Produktion in der Halle eingestellt. Die dadurch bewirkte plötzliche Änderung der klimatischen Umgebungsbedingungen kann zu schnellem Auffeuchten und dementsprechend zu erheblicher Rissbildung im Querschnittsinneren der gekrümmten Träger führen. Dies zeigt sich ansatzweise in der erhöhten Holzfeuchtegradiente der Messstelle 2 des Objektes E2. Objekt E1 wird als Verkaufshalle genutzt. Im Zuge des Umbaus dieser Verkaufshalle (u.a. Einbau einer Fußbodenheizung), wurde auch die benachbarte Halle des Objekts E2 umgebaut und ebenfalls in eine Verkaufshalle umgenutzt. Trotz dieser Umnutzung in der zweiten Messperiode, korrelieren die Verläufe des Hallenklimas und der Holzfeuchte der beiden Messobjekte gut mit den Messwerten aus dem ersten Messzeitraum. Durch die eingebaute Fußbodenheizung und den kontinuierlichen Betrieb in beiden Hallen ist das in Messperiode II aufgezeichnete Hallenklima gut miteinander vergleichbar ($T \approx 20°\,C$, $RF \le 40\,\%$), die Holzfeuchten passen sich zunehmend aneinander an ($u \approx 7\%$). Beide Hallen sind ungedämmt, aufgrund der Beheizung ergeben sich jedoch deutlich gedämpfte Schwankungen der Luftfeuchte- und Temperatur. Durch die sehr konstanten klimatischen Bedingungen ergeben sich bei dieser Nutzung die geringsten Amplituden ($A < 2\,\%$) und Gradienten aller in Messperiode II untersuchten Objekte.

Das Umgebungsklima in geschlossenen, nicht klimatisierten Eissporthallen (Objekte B1 und B2) ist durch eine deutliche Änderung zwischen den Wintermonaten (T = 4 °C, 75 % RF) und den Sommermonaten (eisfreie Zeit, T = 15 °C, 60 % RF) geprägt. Die Holzfeuchten waren erhöht (u = 13 – 16 %) und schwankten über den Jahresverlauf deutlich. In den Objekten B3 und B4 führt der Betrieb der dort vorhandenen Heizungs- und Lüftungsanlage zu einer deutlichen Dämpfung dieser Effekte. In den Objekten B1 und B4 war eine dämpfende Wirkung des filmbildenden Anstrichs auf die Größe der Holzfeuchtegradiente festzustellen. Während des Eisbetriebes lagen die Holzfeuchten in Bauteilen über der Eisfläche im Mittel um 1,5 % höher als in den Randbereichen der Halle. Es wird darauf hingewiesen, dass die Messung der Holzfeuchte an den Trägerseitenflächen und nicht an der parallel zur Eisfläche liegenden Trägerunterseite durchgeführt wurde. Oberflächen gegenüber von Eisflächen werden durch den Strahlungsaustausch deutlich stärker abgekühlt. Dies kann zu Tauwasserbildung bis hin zur Bildung einer Eisschicht führen. Im Fall von Holzbauteilen resultiert dies in deutlich erhöhten Holzfeuchten, siehe z.B. [10]. Im Messobjekt B3 wurde während der ersten Messperiode eine temporäre Umnutzung in Form eines Pressezentrums für eine Großveranstaltung vorgenommen, wodurch sich die eisfreie Zeit auf 7 Monate verlängerte. Während der zweiten Messperiode herrschte normaler Betrieb mit einer eisfreien Zeit von drei Monaten im Frühjahr. Somit sind die beiden Messzeiträume nur bedingt miteinander vergleichbar. Die Umnutzung führte zu einem Anstieg der durchschnittlichen Temperatur von 4° C und einer Abnahme der durchschnittlichen relativen Luftfeuchte um 8 %. Die dadurch bedingte Austrocknung führte zu deutlich größeren Holzfeuchtegradienten sowie jährlichen Schwankungen der Holzfeuchte von $A \approx 5\,\%$ im Vergleich zum Normalbetrieb ($A \approx 3{,}5\,\%$). Für alle Eishallen gilt, dass das Hallenklima stark durch das Abtauen und Wiederherstellen der Eisfläche beeinflusst wird. Durch die völlig unterschiedlichen klimatischen Randbedingungen in den Zeiträumen mit und ohne Eisfläche ergeben sich mit zunehmender Dauer der eisfreien Zeit große jahreszeitliche Schwankungen im Verlauf der Holzfeuchte.

Tab. 2   Tabellarische Zusammenfassung der Messergebnisse. Zeitraum der Messung: 01.10.2010 - 30.09.2011 für Messperiode I und 01.04.2013 – 31.03.2014 für Messperiode II.

Objekt	Mess-stelle	Holzfeuchte						Temperatur		rel. Luftfeuchte	
		MW [%]	max. A [%]	±max. Δ [%]		±max. Grad. [%/cm]		MW [°C]	max. A [°C]	MW [%]	max. A [%]
Schwimmhallen											
A1	MST1	8,7	1,4	+1,0	-0,0	+0,1	-0,2	29,7	6,7	48,3*	6,8*
	MST2	9,3	1,2	+0,4	-0,2	+0,5	+0,0				
A2	MST1	16,1	1,8	+0,6	-0,5	+0,6	-0,4	28,7	6,0	88,6*	19,4*
	MST2	15,0	2,6	+1,6	-0,6	+1,3	-0,3				
A3	MST1	8,7	1,6	+4,8	+2,3	+1,4	+0,7	30,5	19,5	45,6*	29,0*
	MST2	7,7	1,8	+1,7	+0,2	+1,0	+0,3				
Eissporthallen Messperiode I											
B1	MST1**	15,5	3,3	+1,7	-1,0	+0,9	-0,5	9,4	26,2	69,0	44,0
	MST2	14,2	2,5	+0,4	-1,9	+0,7	-0,3				
B2	MST1	13,5	5,8	+1,9	-2,8	+0,9	-1,0	9,9	29,9	62,2	59,1
	MST2**	15,2	6,6	+1,9	-3,9	+1,2	-0,8				
B3	MST1**	10,8	5,1	+3,8	-1,6	+1,5	-1,0	19,9	14,1	40,2	57,0
	MST2	9,6	4,0	+2,1	-1,7	+1,3	-0,4				
B4	MST1	13,3	1,9	+0,9	-0,6	+0,7	+0,2	9,2	18,8	68,3	44,7
	MST2**	14,9	2,8	-0,3	-2,1	-0,0	-0,7				
Eissporthallen Messperiode II											
B3	MST1**	11,7	3,1	+1,9	-1,4	+0,6	-1,0	16,1	19,8	49,5	60,2
	MST2	10,1	2,5	+0,6	-1,7	+0,7	-0,5	15,9	20,2	47,0	44,6
B4*	MST1	14,3	1,6	+1,4	+0,4	+0,7	+0,4	7,4	22,7	76,9	36,5
	MST2**	16,0	2,5	+0,4	-1,0	+0,1	-0,3	7,4*	22,7*	76,9*	36,5*
Reithallen Messperiode I											
C1	MST1	17,1	3,3	+1,3	-1,0	+0,6	-0,5	13,3	22,5	79,7	52,6
	MST2	16,4	3,4	-0,0	-2,8	-0,2	-1,2				
C2	MST1	15,5	5,1	+0,1	-3,5	-0,1	-2,8	10,5	28,6	77,8	48,6
	MST2	15,8	3,8	+1,2	-1,4	+0,8	-0,7				
C3	MST1	14,4	4,9	+2,7	-1,5	+0,7	-1,1	9,8	30,5	77,9	52,3
	MST2	15,5	4,5	+1,8	-1,6	+0,8	-0,5				
Reithallen Messperiode II											
C1	MST1	17,1	3,8	+1,6	-0,8	+0,6	-0,5	14,1	22,6	78,5	46,6
	MST2	16,3*	4,0*	0,7*	-1,7*	0,3*	-1,0*	14,3	22,2	75,8	44,8
C3	MST1	14,1	3,8	+2,2	+0,2	+0,6	-0,7	12,0	30,2	71,5	42,5
	MST2	15,2	4,4	+1,5	-1,0	+0,4	-0,6	10,4	28,5	71,6	41,5
Sporthallen											
D1	MST1	4,4	2,1	+0,6	-0,3	+0,3	-0,2	27,4	26,7	27,7	29,6
	MST2	5,9	1,2	+1,1	+0,0	+0,7	+0,2				
D2	MST1	8,0	2,0	+0,7	-0,9	+0,2	-0,3	20,6	16,7	42,8	42,0
	MST2	8,1	2,1	+1,1	-0,6	+0,6	-0,2				
D3	MST1	10,2	2,2	+1,3	-0,5	+0,8	-0,1	20,8	7,9	51,2	34,0
	MST2	10,0	2,1	+1,7	-0,2	+0,7	-0,1				

*   *Da es bei diesen Objekten zu einem zeitweisen Ausfall der mit * gekennzeichneten Messdaten kam, beruhen die Werte auf den Ergebnissen des regulär aufgezeichneten Messzeitraums.*

**   *Die mit ** gekennzeichneten Messstellen liegen über der Eisfläche.*

Tab. 2   Fortsetzung: Tabellarische Zusammenfassung der Messergebnisse. Zeitraum der Messung: 01.10.2010 - 30.09.2011 für Messperiode I und 01.04.2013 – 31.03.2014 für Messperiode II.

| Objekt | Mess-stelle | Holzfeuchte | | | | | | Temperatur | | rel. Luftfeuchte | |
		MW [%]	max. A [%]	±max. Δ [%]		±max. Grad. [%/cm]		MW [°C]	max. A [°C]	MW [%]	max. A [%]
Produktions- und Verkaufshallen Messperiode I											
E1	MST1	7,7	1,8	+0,6	-1,2	+0,5	-0,1	18,4	17,5	40,9	38,6
	MST2	7,8	1,6	+0,3	-1,3	+0,5	-0,1				
E2	MST1	4,8	1,9	+0,5	-0,7	+0,7	-0,3	27,1	21,3	25,8	49,9
	MST2	4,7	2,2	+0,9	-1,1	+0,5	-0,9				
Produktions- und Verkaufshallen Messperiode II											
E1	MST1	7,2	1,8	+1,1	-0,5	+0,6	-0,0	21,9	13,7	37,1	35,8
	MST2	7,2	1,7	+1,0	-0,5	+0,7	+0,1	21,8	13,6	37,8	34,9
E2	MST1	5,5	1,6	+0,1	-1,3	+0,5	-0,2	23,0	15,9	34,7	41,4
	MST2	5,4	2,0	+0,7	-1,0	+0,2	-0,7	22,6	15,9	36,0	41,8
Landwirtschaftliche Hallen Messperiode I											
F1	MST1	16,4	3,7	-0,9	-3,7	-0,3	-1,2	11,6	21,6	74,7	45,6
	MST2	15,6	3,0	-0,9	-2,7	-0,5	-1,9				
F2	MST1	14,9	5,6	-0,1	-2,8	-0,7	-2,1	14,2	22,4	68,4	48,1
	MST2	15,1	3,7	+0,2	-2,1	-0,1	-1,4				
F3	MST1	14,4	4,7	-1,3	-5,5	-0,9	-2,8	12,6	28,2	69,2	54,1
	MST2	15,2	4,5	-1,2	-5,1	-0,7	-2,6				
Landwirtschaftliche Hallen Messperiode II											
F1	MST1	16,3	8,6	+5,2	-2,2	+1,1	-0,7	12,1	23,5	78,3	41,2
	MST2	16,8	10,1	+5,2	-1,8	+3,5	-0,4	13,3	21,5	77,2	36,5
F3	MST1	14,3	4,1	-1,2	-4,2	-0,9	-2,2	13,2	26,9	65,0	50,2
	MST2	15,0	4,3	-1,1	-4,0	-0,6	-1,8	13,2*	26,9*	65,5*	50,1*
Lagerhallen Messperiode I											
G1	MST1	10,5	8,7	+3,0	-5,2	+1,2	-3,2	10,1	32,6	74,3	62,5
	MST2	13,9	5,4	+1,4	-2,6	+0,7	-2,1				
G2	MST1	13,3	6,1	+1,2	-4,4	+1,2	-1,4	9,7	32,5	67,1	54,0
	MST2	12,7	3,6	+0,7	-2,5	+0,5	-1,0				
G3	MST1	11,5	3,6	+1,7	-1,4	+1,1	-0,3	13,4	25,6	61,3	44,0
	MST2	12,1	2,9	+0,7	-1,7	+0,7	-0,7				
Lagerhallen Messperiode II											
G1	MST1	9,7	4,6	+3,0	-1,5	+1,0	-0,8	12,8*	38,0*	58,4*	56,5*
	MST2	13,6	5,1	+1,9	-1,6	+0,8	-1,0	10,5	32,7	74,8	56,2
G2	MST1	13,4	5,8	+1,9	-3,0	+1,2	-1,7	9,8	34,3	66,6	55,9
	MST2	12,8	2,2	+1,4	-1,0	+0,6	-0,8	10,2	31,9	67,7	50,6

**   Da es bei diesen Objekten zu einem zeitweisen Ausfall der mit * gekennzeichneten Messdaten kam, beruhen die Werte auf den Ergebnissen des regulär aufgezeichneten Messzeitraums.*

Das Klima in Reithallen (Objekte „C") war geprägt von jahreszeitlichen Schwankungen, resultierend in hohen Amplituden von Temperatur und relativer Luftfeuchte, letztere auf hohem Niveau (78 % RF). In den Wintermonaten führt das Zusammenspiel von kalter Luft in den ungedämmten und unbeheizten Gebäuden und der von den Sprinkleranlagen zur Staubbindung eingebrachten Feuchte häufig zu Tauwasserausfall. Wie in anderen vom Aussenklima beeinflussten Nutzungen ergaben sich höhere Holzfeuchten (u ≈ 16 %), die aufgrund des jahreszeitlichen Charakters der Schwankungen (A ≈ 4 %) in merklichen, nicht jedoch in außergewöhnlich hohen Holzfeuchtegradienten resultierten. Durch den im Vergleich zur ersten Messperiode etwas milderen Winter ergibt sich im zweiten Messzeitraum über die Wintermonate eine etwas geringere relative Luftfeuchte. Das führt im Randbereich der Trägerquerschnitte zu etwas geringeren Holzfeuchten. Alle anderen Ergebnisse aus den beiden Messzeiträumen sind sehr gut miteinander vergleichbar.

Ähnlich starke jahreszeitliche Schwankungen des Umgebungsklimas wurden für landwirtschaftliche Hallen mit Viehbetrieb ermittelt (Objekte „F"), wobei die durchschnittlichen relativen Luftfeuchten etwas geringer ausfielen (70 % RF). Durch ihre teiloffene, ungedämmte Bauweise (Seitenflächen teilweise ganzjährig offen, zusätzlich Dachentlüftung) sind diese vom Außenklima beeinflusst. In den Wintermonaten führt das Zusammenspiel der kalten, durch die vielen Öffnungen einstreichenden Luft und der aufgrund des Feuchteeintrags durch das Vieh erhöhten Luftfeuchte im Gebäude zu hohen Holzfeuchten und teilweise zu Tauwasserausfall. Daraus ergeben sich Holzfeuchten im Bereich von 15 %, die zudem stark schwanken (A ≈ 4 %). Die Ergebnisse aus beiden Messperioden sind für die landwirtschaftlichen Hallen sehr gut vergleichbar. Die im Objekt F1 ermittelten Messwerte der Holzfeuchte in der zweiten Messperiode sind mit einer gestiegenen Anzahl an Messfehlern behaftet und weisen mehrere unrealistische Sprünge auf. Aus diesem Grund sind die Messergebnisse für dieses Objekt in Tabelle 2 hellgrau abgebildet. Landwirtschaftliche Gebäude werden nicht nur sehr häufig in Holz ausgeführt, in der Praxis finden sich auch eine Vielzahl möglicher Nutzungen und konstruktiver Ausbildungen. Dementsprechend wird diese Nutzungsart momentan von den Autoren anhand von zehn ausgewählten landwirtschaftlichen Gebäuden eingehender messtechnisch untersucht (in Zusammenarbeit mit der Bayerischen Landesanstalt für Landwirtschaft, gefördert durch die Bayerische Forstverwaltung).

Da Lagerhallen (Objekte „G") meist offen stehen, ist das Hallenklima stark vom Außenklima abhängig. Die Holzfeuchten stellten sich im Mittel zwischen 10 % und 14 % ein, schwankten wegen des Einflusses des Außenklimas jedoch stärker als bei allen anderen untersuchten Nutzungsarten (A = 3 - 6 %). Im Messobjekt G1 resultierte die winterliche Lagerung von Pflanzen in hohen Luftfeuchten und z.T. erheblicher Tauwasserbildung. Die Holzbauteile im Bereich von Lichtbändern (d.h. direkter Sonneneinstrahlung ausgesetzt) wiesen die größte Amplitude und Holzfeuchtegradiente aller untersuchter Objekte auf. In der zweiten Messperiode wurde das Hallenklima nicht mehr am Standort der Messtechnik, sondern direkt an beiden Messstellen erfasst. Dadurch ist bei diesem Messobjekt ein deutlicher Unterschied in den klimatischen Randbedingungen der beiden untersuchten Messstellen zu verzeichnen. Für die Messstelle 2 im Bereich des Lichtbandes ergab sich mit durchschnittlich 12,8 °C und 58 % RF ein im Vergleich zum ersten Messzeitraum wesentlich trockeneres Hallenklima. Im ersten Messzeitraum war das Hallenklima nahe dem Traufbereich bei Messstelle zwei erfasst worden (durchschnittlich 10°C und 74 % RF). Bei Messobjekt G2 sind die Klimabedingungen aus beiden Messperioden sehr gut miteinander vergleichbar. Die jahreszeitlichen Durchschnittswerte der Lufttemperatur und der relativen Luftfeuchte sowie deren maximale Amplituden sind für beide Messzeiträume praktisch identisch. Messstelle 1 befindet sich im überdachten Außenbereich, Messstelle 2 im Innenbereich der Lagerhalle. Anhand der Klimamesswerte dieser beiden Messstellen konnte eine sehr starke Abhängigkeit des Hallenklimas vom Außenklima festgestellt werden. Das Außenklima wird durch die Gebäudehülle nur geringfügig gedämpft.

Neben den vorab beschriebenen, nutzungsbedingten Klimabedingungen und deren Beanspruchungspotential für die Holzbauteile, verdeutlichen die Ergebnisse des Forschungsprojektes einen weiteren wichtigen Aspekt. Temporäre Eingriffe, wie Renovierungsarbeiten oder Nutzungsänderungen (temporäre oder dauerhafte Nutzungsänderungen) können zu stark veränderten klimatischen Bedingungen führen, die sich in ausgeprägten Holzfeuchteänderungen niederschlagen. So wurden im Rahmen dieses Forschungsprojektes sowohl ein starkes Austrocknen von Holzbauteilen (Renovierung des Hallenbades A3 sowie temporäre Umnutzung der Eissporthalle B3) wie auch das starke Auffeuchten von sehr trockenen Holzbauteilen (Umnutzung eines ehemals metallverarbeitenden Betriebes E2) festgestellt. Obwohl über den Zeitraum der Messung nicht der gesamte Effekt dieser Nutzungsänderung abgedeckt werden konnte, wurde ein merkliches Ansteigen der Holzfeuchtegradienten festgestellt.

4 Schlussfolgerungen und Empfehlungen

Das Thema der Materialfeuchte von tragenden Holzbauteilen wurde bisher tendenziell vor dem Hintergrund behandelt, hohe Holzfeuchten zu vermeiden um Fäulnis oder Pilzbildung zu verhindern. Die Auswertung von Schäden an weitgespannten Holzkonstruktionen zeigt als überwiegend festgestelltes Schadensbild ausgeprägte Rissbildung in Lamellen und Klebefugen der Brettschichtholzbauteile aufgrund niedriger oder stark schwankender Holzfeuchten [1] - [4]. Diese Schwindrisse reduzieren den verbleibenden Querschnitt zur Übertragung von Querzug- oder Schubspannungen. Grund für derartige Holzfeuchten und Holzfeuchtegradienten sind schnelle und/oder starke Änderungen der Umgebungsbedingungen, welche sich zum einen aus konstruktiven Bedingungen, zum anderen aus der Gebäudenutzung ergeben können. Lokal können diese Änderungen verstärkt auftreten, wie z.B. im Bereich von Oberlichtern oder Lüftungsauslässen.

Ein Vergleich der Ergebnisse der im Forschungsprojekt untersuchten 21 Gebäude aus sieben unterschiedlichen Nutzungen bestätigt die erwartete große Bandbreite der möglichen klimatischen Bedingungen (Temperatur, relative Luftfeuchte) in Gebäuden mit Holztragwerken. Über alle Nutzungen hinweg betrachtet, lagen die gemessenen mittleren Holzfeuchten zwischen 4,4 % und 17,1 %. Aus den Verläufen der Holzfeuchte lässt sich mit zunehmender Messtiefe im Holzquerschnitt sowohl eine gedämpfte als auch eine zeitliche Verzögerung der Anpassung der Holzfeuchte an die Umgebungsbedingungen erkennen. Die Holzfeuchtegradienten fallen in gedämmten und klimatisierten Gebäuden geringer aus als in Gebäuden mit stärkerem Einfluss des jahreszeitlich schwankenden Aussenklimas.

Die durchschnittlichen Holzfeuchten in gedämmten, beheizten Gebäuden (u.a. Schwimmhallen, Sporthallen, Verkaufs- und Produktionshallen) lagen im Bereich von 6 – 10 % bei jährlichen Amplituden von ca. 2%. Aufgrund dieser relativ konstanten aber trockenen Umgebungsbedingungen sollte schon bei Produktion, Transport, Einbau und Baustellenbetrieb darauf geachtet werden, dass die Holzfeuchte von (speziell großvolumigen) Holzbauteilen nur um wenige Prozent von der späteren Ausgleichsfeuchte

abweicht (u ≤ 10 %). Mögliche Maßnahmen sind u.a. ein abgestimmtes Baustellenregime (u.a. Verhindern einer Befeuchtung bei längerer Lagerung, Reduktion unnötiger Baufeuchte). Beim Entwurf derartiger Tragwerke sollte darauf geachtet werden, Sperreffekte gegenüber dem freien Schwinden und Quellen der Bauteile (z.B. Verbindungsmittel mit großem Abstand senkrecht zur Faser, in geringem Abstand angeordnete Querzugverstärkungen) weitestgehend zu vermeiden. Der hinsichtlich des Gefährdungspotentials für die Entstehung von Schwindrissen kritischste Zeitraum wird bei derartigen Nutzungen in den meisten Fällen der erste Winter nach Erstellung des Gebäudes und Schließen der Gebäudehülle sein. In diesem Zeitraum sollte beim Einsatz der Heizanlagen darauf geachtet werden, die relative Luftfeuchte nicht zu schnell und zu stark abzusenken. Eine künstliche Luftbefeuchtung, denkbar auch z.B. in Form von Verdunstungsbecken, wäre eine weitere Möglichkeit, die Geschwindigkeit der Austrocknung der Holzquerschnitte zu dämpfen. Eine Alternative stellt die Oberflächenbehandlung der Holzquerschnitte z.B. in Form von Feuchteschutzmitteln dar, welche die Feuchteaufnahme und –abgabe für die ersten Jahre nach der Erstellung des Gebäudes dämpft. Zum momentanen Zeitpunkt können noch keine konkreten Angaben hinsichtlich anwendbarer, diffusionshemmender Produkte zur Oberflächenbehandlung gegeben werden. Generell sollte schon bei Herstellung, Transport und Einbau darauf geachtet werden, dass die Holzfeuchte der Bauteile nur wenig von der späteren Ausgleichsfeuchte abweicht (u ≤ 12 %).

Die zweite Gruppe der im Forschungsprojekt untersuchten Gebäude betraf Nutzungen mit stark schwankenden Umgebungsbedingungen (z.B. Eissporthallen), z.T. bedingt durch einen erhöhten Einfluss des Aussenklimas auf das Innenraumklima in unbeheizten und ungedämmten Gebäuden (z.B. in Reithallen, landwirtschaftlichen Hallen und Lagerhallen). Im Fall der letztgenannten Nutzungen ergaben sich durchschnittliche Holzfeuchten von 12 – 16 % bei jährlichen Amplituden von ca. 4%. Hier könnte das Aufbringen einer Dachdämmung helfen, die starken Schwankungen des Innenraumklimas und dementsprechend die Holzfeuchtegradienten zu dämpfen. Bei teiloffenen Bauwerken reduziert sich der Effekt einer solchen Maßnahme mit zunehmendem Anteil an dauerhaft geöffneten Bereichen in der Außenhülle. Holzbauteilen die aufgrund lokaler Gegebenheiten wie Oberlichtern oder Lüftungsauslässen verstärkten Änderungen des Umgebungsklimas ausgesetzt sind sollte erhöhte Aufmerksamkeit hinsichtlich potentieller Rissentstehung aufgrund eines zu schnellen Austrocknens nach einer Feuchteperiode geschenkt werden. In diesen Bereichen bietet die Verwendung von außen auf die Holzbauteile aufgebrachten, austauschbaren Holzwerkstoffplatten eine Möglichkeit, die saisonalen Holzfeuchteänderungen zu dämpfen. Dieses Prinzip wird zurzeit von den Autoren im Rahmen eines weiteren, in Zusammenarbeit mit der Studiengemeinschaft Holzleimbau e.V. durchgeführten Projekts untersucht. In Reithallen führt das Zusammenspiel von kalter Luft und der von den Sprinkleranlagen eingebrachten Feuchte häufig zu Tauwasserausfall. Um diese Folgeerscheinung zu reduzieren sollten die Sprinkleranlagen in der kalten Jahreszeit nur eingesetzt werden, wenn dies für den Reitbetrieb unbedingt erforderlich ist. In Lagerhallen sollte während der generell feuchteren Wintermonate darauf geachtet werden, dass durch die gelagerten Güter keine hohe, zusätzliche Feuchte eingebracht wird. In Eissporthallen ergab sich die stärkste Änderung der klimatischen Bedingungen zum Zeitpunkt der Eisherstellung nach der Sommerpause. Durch eine kontrollierte Lüftung und Heizung der Eissporthallen kann die Auswirkung dieses Effekts deutlich gedämpft werden.

Neben den vorab beschriebenen, nutzungsbedingten Klimarandbedingungen und deren Beanspruchungspotential für die Holzbauteile, verdeutlichen die Ergebnisse dieses Forschungsvorhabens, dass temporäre Eingriffe, wie Renovierungsarbeiten oder Nutzungsänderungen zu stark veränderten klimatischen Bedingungen führen können. Diese können in ausgeprägten Holzfeuchteänderungen resultieren. Dementsprechend sollte bei derartigen Eingriffen auf eine schonende Änderung des Klimas geachtet werden und die Verwendung von Hilfsmaßnahmen (z.B. Verdunstungsbecken, Oberflächenbehandlung) für eine zeitlich kontrollierte Änderung des Raumklimas in Betracht gezogen werden. Idealerweise sind solche Eingriffe von einem im Holzbau kundigen Fachplaner zu begleiten.

Es sollte angestrebt werden, das Bewusstsein von Planern und Ausführenden zum Thema der Umgebungsbedingungen und resultierender Holzfeuchte während der Errichtung und Nutzung wie auch temporärer Eingriffe und Nutzungsänderungen ihres Gebäudes zu erhöhen. Erreicht werden könnte dies über die Angabe wesentlicher Informationen in Kommentaren zu Normen sowie Lehrbüchern. Dazu zählt Holzbauteile mit einer Holzfeuchte einzubauen, die der Gleichgewichtsfeuchte im fertig gestellten Bauwerk entspricht. Des Weiteren wird empfohlen, Beispiele der Klassifizierung von Gebäuden in Nutzungsklassen (z.B. Reithallen, Eissporthallen) anzugeben. Gleichzeitig ist jedoch darauf hinzuweisen, dass die erwarteten Ausgleichsfeuchten von Holzbauteilen für jedes Gebäude objektspezifisch aus den erwarteten Klimarandbedingungen zu ermitteln sind. Vor allem sollte das Bewusstsein der Planer und Ausführenden gegenüber trockenen Umgebungsbedingen erhöht werden.

Dementsprechend wird empfohlen, künftig in den Normen zur Bemessung und Konstruktion von Holzbauten darauf hinzuweisen, dass die Ausgleichsfeuchte von Bauteilen aus Nadelholz in beheizten und gedämmten Gebäuden (Nutzungsklasse 1) in den meisten Fällen unter 10 % liegt.

5 Ausblick

Ziel des Forschungsvorhabens war, mittels Langzeitmessserien klimatische Umgebungsbedingungen und sich daraus ergebende Holzfeuchtegradienten bezogen auf holzbautypische Gebäudetypen und -nutzungen im Normalbetrieb zu generieren. Um realistische Referenzwerte in Bezug auf das Schädigungspotential (Rissbildung) von Holzfeuchtegradienten festzulegen sind weitere Forschungsarbeiten in Form von Simulationen und Sensitivitätsstudien (u.a. zu Innenraumklimata sowie lokalen Klimarandbedingungen und daraus resultierenden Holzfeuchtegradienten), in Verbindung mit Laboruntersuchungen (u.a. unterschiedlichen Klimaregimen in der Klimakammer ausgesetzte Holzbauteile) notwendig. Im Hinblick auf Gebäude mit relativ konstanten aber trockenen Umgebungsbedingungen (u.a. Sporthallen, Verkaufs- und Produktionshallen) wird empfohlen, dass die Holzfeuchte der Bauteile bereits vor Inbetriebnahme nur wenig von der späteren Ausgleichsfeuchte abweicht. Ist dies nicht der Fall und/oder trocknen die Holzbauteile nach Inbetriebnahme zu schnell aus, so kann dies zu erheblicher Schwindrissbildung an den Holzquerschnitten führen. Dies wurde bei mehreren im Rahmen des Forschungsvorhabens untersuchten Messobjekten dieser Kategorie festgestellt. Dies kann zum einen daran liegen, dass die Bauteile mit einer Holzfeuchte produziert werden, die über der späteren Ausgleichsfeuchte liegt. Dies ist nicht immer zu vermeiden, da für das Verkleben von Holzbauteilen Holzfeuchten größer 8 - 9 % notwendig sind. Häufig jedoch nehmen die Bauteile noch während der Bauphase größere Mengen an Feuchte auf, z.B. nach dem Einbringen von Estrich oder aber aufgrund stehender Feuchte im bereits geschlossenen Gebäude. Über die Größe der Schwankungen der Holzfeuchte von der Herstellung der Holzbauteile bis zur Inbetriebnahme des Gebäudes gibt es bis heute nur wenige Untersuchungen. Momentan begleiten die Autoren derartige Messungen an zwei Einzelobjekten. Um belastbare Anhaltswerte zur Holzfeuchteverteilung und Holzfeuchtegradienten während der Bauphase im Hinblick auf potentielle Rissentstehung nach Inbetriebnahme des Gebäudes geben zu können, sind jedoch umfassendere Untersuchungen notwendig. In diesen könnte die Entwicklung der Holzfeuchte vom Werk über die Baustelle und Eröffnung bis in das erste Jahr der Nutzung gemessen und dokumentiert werden. Damit würde die Lücke in der „Feuchtekette" eines Holzbauteils von der Produktion des Bauteils bis zum Betrieb des Gebäudes geschlossen und mit Erfahrungswerten belegt.

6 Literatur

[1]   BLAß, H.J., FRESE, M.: Schadensanalyse von Hallentragwerken aus Holz. Band 16 der Reihe Karlsruher Berichte zum Ingenieurholzbau. KIT Scientific Publishing. Karlsruhe 2010.

[2]   FRÜHWALD, E., SERRANO, E., TORATTI, T., EMILSSON, A., THELANDERSSON, S.: Design of safe timber structures – How can we learn from structural failures in concrete, steel and timber? Report TVBK-3053. Div. of Struct. Eng. Lund University 2007.

[3]   DIETSCH, P., WINTER, S.: Typische Tragwerksmängel im Ingenieurholzbau und Empfehlungen für Planung, Ausführung und Instandhaltung. Tagungsband „8. Grazer Holzbau-Fachtagung". TU Graz 2009.

[4]   DIETSCH, P.: Einsatz und Berechnung von Schubverstärkungen für Brettschichtholz-bauteile. Dissertation. Technische Universität München 2012.

[5]   BLAß, H.J., EHLBECK, J., KREUZINGER, H., STECK, G.: Erläuterungen zu DIN 1052:2004-08. Bruderverlag. Karlsruhe 2004.

[6]   MEIERHOFER, U., SELL, J.: Physikalische Vorgänge in wetterbeanspruchten Holzbauteilen – 2. und 3. Mitteilung. Holz als Roh- und Werkstoff 37 (1979), H. 6, S. 227-234 und H. 12, S. 447-454.

[7]   KRABBE, E., NEUHAUS, H.: Über Konstruktion, Klima und Holzfeuchtigkeit eines Hallenbades. Bauen mit Holz 91 (1989), H. 4, S. 214-217.

[8]   KOPONEN, S.: Puurakenteiden kosteudenhallinta rakentamisessa. TKK-TRT Report 1-0502. Helsinki 2002.

[9]   EVANS, F., KLEPPE, O., DYKEN, T.: Monitoring of Timber Bridges in Norway - Results, Report Norsk Treteknisk Institutt. Oslo 2007.

[10]   FELDMEIER, F.: Ergebnisse und Schlussfolgerungen aus den Felduntersuchungen einer Eissporthalle, Tagungsband „Ingenieurholzbau - Karlsruher Tage", TH Karlsruhe 2007.

[11]   BRISCHKE, C., RAPP, A.O.: Untersuchung des langfristigen Holzfeuchteverlaufs an ausgewählten Bauteilen der Fußgängerbrücke in Essing. Arbeitsbericht der Bundesforschungsanstalt für Forst- und Holzwirtschaft. Hamburg 2007.

[12]   MARQUARDT, H., MAINKA, G.-W.: Tauwasserausfall in Eissporthallen. Bauphysik 30 (2008), H. 2, S. 91-101.

[13]   NIEMZ, P., GEREKE, T.: Auswirkungen kurz- und langzeitiger Luftfeuchteschwankungen auf die Holzfeuchte und die Eigenschaften von Holz. Bauphysik 31 (2009), H. 6, S. 380-385.

[14]   DIN EN 1995-1-1:2010-12: Eurocode 5: Bemessung und Konstruktion von Holzbauten - Teil 1-1: Allgemeines – Allgemeine Regeln und Regeln für den Hochbau. Deutsches Institut für Normung. Berlin 2010.

[15]   RESSEL, J.B.: Fundamentals of wood moisture content measurement. Course notes COST E53 Training School "Methods for measuring of moisture content and assessment of timber quality". BFH. Hamburg 2006.

[16]   DIETSCH, P., FRANKE, S., FRANKE, B., GAMPER, A., WINTER, S.: Methods to determine wood moisture content and their applicability in monitoring concepts. Journal of Civil Structural Health Monitoring (2014), DOI 10.1007/s13349-014-0082-7.

[17]   EULER, L.: Institutiones Calculi differentialis. Berlin 1755.

[18]   KOLLMANN, F., COTÉ, W.A.: Principles of Wood Science and Technology I: Solid Wood. Springer. Berlin 1968.

[19]   FORTUIN, G.: Anwendung mathematischer Modelle zur Beschreibung der technischen Konvektionstrocknung von Schnittholz. Dissertation. Universität Hamburg 2003.

[20]   KEYLWERTH, R., NOACK, D.: Über den Einfluß höherer Temperaturen auf die elektrische Holzfeuchtigkeitsmessung nach dem Widerstandsprinzip. Holz als Roh- und Werkstoff 14 (1956), H. 5, S. 162-172.

[21]   HAILWOOD, A.J., HORROBIN, S.: Absorption of water by polymers: analysis in terms of a simple model. Transactions of the Faraday Society 42b (1946), S. 84-92.

[22]   SIMPSON, W.T.: Predicting equilibrium moisture content of wood by mathematical models. Wood and Fiber Science 5 (1973), H. 1, S. 41-48.

[23]   GAMPER, A., DIETSCH, P., MERK, M., WINTER, S.: Gebäudeklima – Langzeitmessung zur Bestimmung der Auswirkungen auf Feuchtegradienten in Holzbauteilen. Schlussbericht für das Forschungsvorhaben. Lehrstuhl für Holzbau und Baukonstruktion. Technische Universität München 2014.

7   Danksagung

Das Forschungsvorhaben wurde aus Mitteln der Forschungsinitiative Zukunft Bau des Bundesamtes für Bauwesen und Raumordnung gefördert. Die Autoren danken zudem den folgenden Industriepartnern für ihre Unterstützung des Forschungsprojektes: Scanntronik Mugrauer, Zorneding; Studiengemeinschaft Holzleimbau e.V., Wuppertal; bauart Konstruktions GmbH + Co. KG, Lauterbach; Konstruktionsgruppe Bauen AG, Kempten; Wiehag GmbH, Altheim/AT; IngPunkt Ingenieurgesellschaft für das Bauwesen mbH, Augsburg; BBI Bauer beratende Ingenieure GmbH, Landshut; Dr. Linse Ingenieure GmbH, München; Dr. Schütz Ingenieure, Kempten; Häussler Ingenieure GmbH, Kempten.

Dank geht auch an die wissenschaftlichen Hilfskräfte M. Kraus, M. Waidelich, D. Bernhardt, C. Laimer, M. Oberhauser, S. Riedler und A. Indefrey für ihre Unterstützung im Rahmen der Auslesung und Aufbereitung der Daten.

8   Autoren

Andreas Gamper, MSc
Dr.-Ing. Philipp Dietsch
Dipl.-Ing. Michael Merk
Univ.-Prof. Dr.-Ing. Stefan Winter

Lehrstuhl für Holzbau und Baukonstruktion
Technische Universität München
Arcisstr. 21,
D-80333 München

Kontakt:
bauko@bv.tum.de

Das Tragwerk – vieles ist möglich und manches auch sinnvoll...

Markus Vollmer

Zusammenfassung

Beim Entwurf eines Tragwerkes müssen sich die Planungsbeteiligten neben vielen anderen Zwängen auch der Herausforderung stellen, dass trotz des Einsatzes von innovativen Bauprodukten und modernen Berechnungsmethoden auf klare Strukturen zu achten ist. Häufig wird das Tragwerk über ein gestelltes Anforderungsprogramm übergestülpt und nachgewiesen. Die Herausforderung des modernen Ingenieurs ist es, klare aber auch innovative Strukturen zu verfolgen und die Bauprodukte unter Zuhilfenahme von modernen Berechnungsmethoden und fortschrittlichen Planungshilfen gemäß ihrer Eigenschaften einzusetzen.

1   Einleitung

1.1 Früher

Bei vielen historischen Gebäuden können wir noch heute die Kunst der Handwerker und Werkmeister der vergangenen Zeit bestaunen. Dabei ist es vor Allem beachtlich, wie die Werkmeister es schafften, ganz ohne rechnerische Ansätze teils gigantische Konstruktionen zu erschaffen deren Proportionen auch aus heutiger Sicht oft erstaunlich angemessen gewählt sind. Sie stützten sich im Mittelalter auf bewährte Regeln als mündlich überlieferte Erfahrungen. Auch in Niederschriften aus dieser Zeit wird immer wieder auf die „Alten", also auf die Vorgänger und Vorbilder verwiesen. In schwierigen Situationen und bei abweichenden Meinungen wurden Gutachtersitzungen angesetzt, zu denen man mehrere Meister zusammenholte. Die Einberufung solcher Sitzungen ist z.B. beim Bau des Mailänder Doms von 1392, beim Brand der Kathedrale von Canterbury von 1174 oder beim drohenden Einsturz des Münsterturmes in Ulm von 1492 überliefert [1].

Seit ungefähr dem 11. Jahrhundert taucht in einigen Urkunden die lateinische Wortbildung „ingeniator", „enginor" oder „incignerius" auf. Abgeleitet vom lateinischen Wort „ingenium" („Geist" bzw. „scharfer Verstand") bezeichneten diese Wörter Experten für die Herstellung von Belagerungsgerät zur Eroberung befestigter Plätze [2]. Erst später wird der Begriff „Ingenieur" auch allgemein für „technische Experten" verwendet.

Als einer der Ingenieurpioniere gilt zweifelsohne Leonardo da Vinci (1452 – 1519). Auf der Grundlage seiner handwerklichen Ausbildung interessierte ihn die „Theoretisierung der Praxis": Wie sind Phänomene der Reibung theoretisch zu erklären und durch welche Mittel in der Praxis zu minimieren? Unter welcher Belastung und an welcher Stelle reißt ein Seil? Wie verhält sich die Strömung eines Wasserlaufes dort, wo ein weiterer Zufluss auf ihn trifft? Die umfangreiche zeichnerische Darstellung seiner technischen Fragestellungen auf allen Gebieten war sicherlich eine sehr wichtige Schlüsselkompetenz des Wirkens Leonardo da Vincis.

Die rechnerischen Grundlagen für unsere heutigen Berechnungsmethoden in der statisch-konstruktiven Planung wurden von Galileo Galilei (1564-1642) und Isaac Newton (1643 – 1727) etwas später gelegt. Die Anwendung ihrer Erkenntnisse auf die Baukonstruktionen ermöglichte erstmals eine mathematische Ermittlung von zulässigen Belastungen und erforderlicher Abmessungen. Eine vollständige Anwendbarkeit war allerdings erst nach dem Vorliegen von Ergebnissen aus empirischen Festigkeitsmessungen im 18. Jahrhundert gegeben. Die Weiterentwicklung der Bemessungsmethoden und genaueres Wissen über die Baustoffe mündeten in immer genaueren statischen Berechnungen.

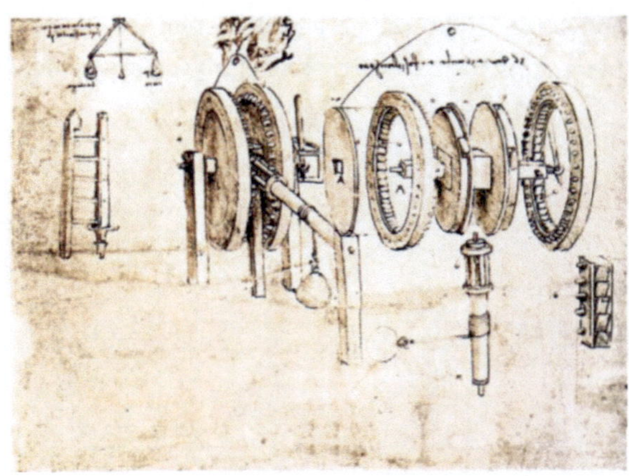

Abb. 1   Leonardo da Vinci: Codex Atlanticus. Zeichnerische Darstellung von Maschinenelementen [2]

Eine Revolution bei der Tragwerksplanung stellte wie in so vielen Bereichen, die Unterstützung durch den Computer dar. Das Potential erkannte der Bauingenieur Konrad Zuse (1910 – 1995) schon früh und war durch den Bau des ersten funktionstüchtigen, vollautomatischen, programmgesteuerten und frei programmierbaren Rechner, den Z3 im Jahre 1941, maßgeblich an der Einführung der Computertechnik beteiligt.

Abb. 2   Konrad Zuses Digital Rechner Z3 von 1943 [2]

Schon in den 60er Jahren waren erste Programme für die Berechnung von Tragwerken vorhanden. Die rasche Weiterentwicklung auf diesem Gebiet sorgte dafür, dass schon Ende der 70er Jahre die rechnergestütze Planung weit verbreitet war. Der Fortschritt ließ im Weiteren viel genauere und auch ganz andere Berechnungen wie etwa die Methode der Finiten-Elemente zu.

1.2 Heute

Die Faszination, die anfänglich durch die Einführung der „neuen" Planungsweise mit immer schnelleren Computern spürbar war, ist weitgehend verflogen. Es gibt nur noch wenige aktive Bauingenieure, die überhaupt ohne die Zuhilfenahme von Softwarelösungen geplant haben. Jüngere Kollegen haben die Anwendung verschiedenster elektronischer Geräte von Kindesbeinen an gelernt. Zeichentische werden in den Ingenieurbüros schon seit vielen Jahren, wenn überhaupt, nur zu Ablagezwecken genutzt. Die Übermittlung sämtlicher Planungsdaten erfolgt digital.

Schon heute können größte und komplizierteste Tragstrukturen modelliert und berechnet werden. Die grafischen Eingabearten sind optimiert, das gezeichnete Bauwerk kann weitestgehend in die Berechnungssoftware übernommen werden. Eine Weiterentwicklung des Systems ist das BIM – Building Information Modeling. Ziel soll es sein, die Produktivität, Effizienz, Qualität, Nachhaltigkeit und den Wert der Bauwerke zu erhöhen, sowie die Life-Cycle Kosten, Durchlaufzeiten und Mängel zu verringern [3]. Durch das interdisziplinäre Arbeiten an nur einem Bauwerksmodell werden bisher bekannte, teilweise veraltete Prozesse neu strukturiert und optimiert. Die Fütterung des Bauwerksmodelles mit Informationen aus allen Planungs- und Ausführungsdisziplinen lässt die Ausgabe von nahezu allen Bauwerksinformationen wie z.B. Lebenszyklusbewertungen, Nachhaltigkeitsbetrachtungen, Kosteninformationen, Masseninformationen zu und vermeidet Übertragungsfehler. Da die Grenzen fließend sind, kann diskutiert werden, ob BIM Gegenwart oder Zukunft ist. Der BVBS e.V. (Bundesverband Bausoftware e. V.) geht davon aus, dass bis zu Anfang der 2020er Jahre ca. 50% des Bauvolumens in Deutschland unter Einsatz der BIM-Technologie abgewickelt werden [3].

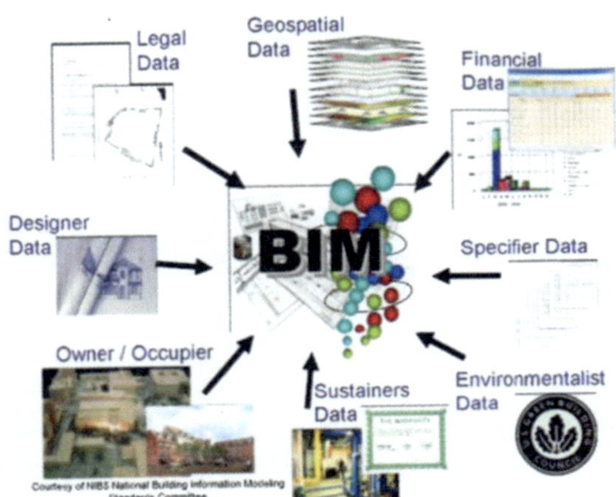

Abb. 3   Kommunikation, Zusammenarbeit und Visualisierung [3]

Die anspruchsvolle Aufgabe von den Tragwerksplanern der Zukunft wird es sein, die Konstruktion nicht nur den Zwängen aus z.B. Flächenoptimierung, Kostenoptimierung, Gebäudetechnik, Nachhaltigkeit unterzuordnen, sondern unter Beachtung dieser Kriterien ein sinnvolles Tragwerk zu erschaffen und dieses mit den zur Verfügung stehenden Mitteln bautechnisch nachzuweisen. Dabei muss unbedingt die Konstruktion und nicht die Berechnungsmethode im Focus stehen.

Abb. 4   Der Killesbergturm in Stuttgart von Schlaich, Bergermann und Partner

Wir können uns fragen, warum Tragwerke wie der Killesbergturm in Stuttgart (Schlaich, Bergermann und Partner), der Fernsehturm in Stuttgart (Fritz Leonhardt, Erwin Heinle) oder das Olympiadach in München (u.a. Günther Behnisch, Frei Otto, Fritz Leonhardt, Jörg Schlaich) so beeindrucken. Die Antwort liegt nahe. Die Funktion des Tragwerkes erschließt sich nahezu von selbst. So mancher denkt, die Idee hätte einem selbst einfallen können. Von herausragenden Ingenieuren wurden klassische Tragprinzipien verwendet die mit Innovationen gespickt gut umgesetzt wurden.

„Für uns (Prüf)-Ingenieure heißt dies, beispielsweise nicht allein den Ziffern nachzusteigen und marginale Abweichungen zu korrigieren oder neueste Normfassungen auf zu sanierende alte Gebäude ohne Wenn und Aber anzuwenden. Wir müssen die Umsetzung der Berechnung in Pläne und Ausführung überprüfen und dabei auf die Logik der Konstruktion achten. Wir müssen hierbei das Ganze sehen und das verbindende Detail im Auge behalten. Die Kunst des Konstruierens hat Fritz Leonhardt diesen Teil unserer Arbeit genannt, zu Recht, denn sie ist wichtiger als das Anhäufen von Zahlen und nochmals Zahlen, die im Grunde nur bestätigen sollen, was wir gedacht, entworfen und konstruiert haben"

Klaus Stiglat [4]

2   Holzbausysteme

2.1 Allgemeines

Ein wichtiges Kriterium beim Tragwerksentwurf von Holzbauten ist die Wahl der Decken und Wandkonstruktionen. In den letzten Jahren haben sich leistungsfähige Holzbausysteme etabliert. Alle Systeme haben Besonderheiten, die in dem kurzen Abriss nicht umfassend aufgezeigt werden können. Der Beitrag soll vielmehr den Blick weiten.

Anhand der bei jedem System abgebildeten Tabellenwerte erfolgt eine Abschätzung der Tragfähigkeit der Systeme. Hierbei ist nur der Grenzzustand der Tragfähigkeit berücksichtigt. Häufig sind Nachweise im Grenzzustand der Gebrauchstauglichkeit (Verformung, Schwingung) maßgebend. Dieser muss unbedingt zusätzlich beachtet werden.

Da die ganzheitliche Betrachtung unter Berücksichtigung von z.B. bauphysikalischen oder brandschutztechnischen Gesichtspunkten beim Tragwerksentwurf unabdingbar ist, werden einige systemspezifische Besonderheiten zusätzlich beschrieben.

Die Grundelemente sind 4 m lang und 1,25 m breit. Die Dicke der Elemente ist einheitlich 160 mm. Bei allen Systemen wird die aufnehmbare Last bei der Beanspruchung als Biegeelement (z.B. Decke), Druckelement (z.B. Wand) und Schubelement (z.B. Scheibe) in Prozenten angegeben. Grundlage (100%) bildet die klassische Holzbalkendecke bzw. Holzrahmenbauwand.

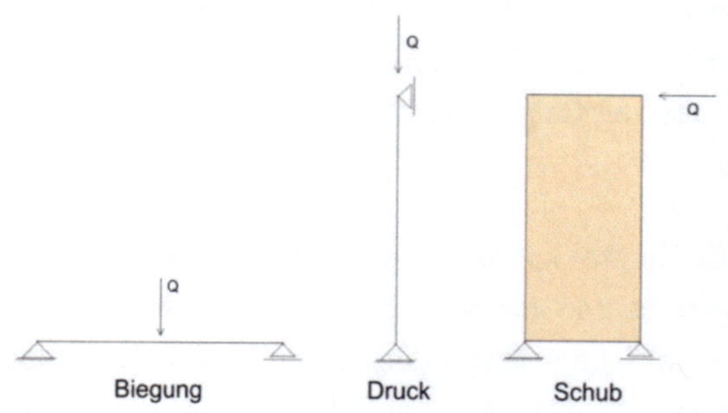

Abb. 5   Belastungsarten

2.2 Einseitig beplankte, mechanisch verbundene Balkenelemente

Es werden Rippen aus Nadelholz C24 120/140 mm im Achsabstand von 625 mm angenommen. Die einseitige Beplankung sei eine OSB/3 Platte, d=20 mm.

Abb. 6   Einseitig beplankte, mechanisch befestigtes Element

Biegung	Druck	Schub	Material
100 %	100 %	100%	100%

Diese klassische Konstruktion kann als Decken- Dach- oder Wandkonstruktion verwendet werden. Die Dämmung des Gefaches ist einfach möglich. Bauphysikalische Abhängigkeiten (Dampfbremse, Dampfsperre, Hinterlüftung...) sind zu beachten. Bei der Anwendung als Flachdachkonstruktion sollte die Dämmung auf der Platte aufgebracht werden. Der Brandschutznachweis der Rippen kann über eine Abbrandberechnung geführt werden. Durchbrand ist ggf. durch zusätzliche Maßnahmen sicherzustellen. Eine Beschwerung für die Verbesserung des (Tritt-) Schallschutzes sollte oberseitig oder mittels eines Blindbodens angeordnet werden. Unterseitige Akustikelemente können zusätzlich angebracht werden.

2.3 Geklebte Kastenelemente

Die ober- und unterseitigen, durchgängigen Holzplatten mit einer Stärke von je 30 mm sind durch Klebeverbund schubfest mit den Stegen 40/100 mm verbunden.

Abb. 7   Schubfest verklebtes Kastenelement

Biegung	Druck	Schub	Material
500 %	500 %	165%	145%

Der Hohlraum in der Konstruktion bietet vielfältige Möglichkeiten. Zum einen kann eine Beschwerung für die Gewährleistung des Trittschallschutzes eingebracht werden, zum Anderen ist das Einlegen eines Absorbers und die Perforierung der unteren Tragplatte zur Verbesserung der Raumakustik ohne großen Tragfähigkeitsverlust möglich. Das Einbringen einer Dämmung bei der Verwendung als (Flach)-Dachdecke birgt bauphysikalische Risiken. Bleibt die Konstruktion unterseitig sichtbar, kann das Kostenvorteile haben. Der Kasten bietet zwar Platz für Installationen. Allerdings muss die fehlende Zugänglichkeit durch die schon schubfest aufgebrachte Platte beachtet werden. Quer zu den Rippen können i.d.R. keine Installationen erfolgen. Bei der Brandschutzbemessung kann ein Abbrand der Platten berechnet werden. Sollte die Plattendicke nicht ausreichen, ist der Abbrand der Stege ebenfalls zu berücksichtigen. Falls eine Beschwerung in das Gefach eingebracht werden soll, ist diese Belastung beim Brandschutznachweis anzusetzen. Das Quellen und Schwinden der Elemente ist je nach Konstruktionsart zu beachten.

Als Wandelemente sind Kastenelemente aufgrund der fehlenden Zugänglichkeit nur bedingt bzw. angepasst geeignet.

2.4 Brettstapelelemente

Die Vollholzlamellen d=160 mm sind hochkant angeordnet und mittels eines z.B. Buchendübels miteinander verbunden. Falls das Element schubsteif (z.B. als statische Scheibe) ausgebildet werden soll, sind zusätzliche Maßnahmen (z.B. eine einseitige Holzwerkstoffplatte) erforderlich.

Abb. 8   Brettstapelelement

Biegung	Druck	Schub	Material
650 %	**750 %**	**0%**	**320%**

Bei der Anwendung als Dachelement können die Elemente von unten sichtbar belassen werden während oberseitig eine Dämmung aufgebracht wird. Die Dampfbremse / -sperre und luftdichte Ebene kann über dem Element eingebaut werden und ist so geschützt. Dies ist eine bauphysikalisch besonders robuste Lösung. Eine oberseitige unter der Dampfsperre liegende Installation ist zwar möglich, allerdings bezüglich des Baustellenablaufes (Abdichtung, Witterungsschutz) problematisch. Zur Verbesserung des Trittschallschutzes ist eine oberseitige Beschwerung einfach herstellbar. Oft wird eine Stahlbetonplatte auch statisch als Verbundkonstruktion herangezogen. Eine unterseitige Profilierung ist zur Verbesserung der Raumakustik möglich. Durch den fehlenden Absorber ist die Wirksamkeit allerdings nicht sehr hoch. Brandschutzbemessungen sind über Abbrandberechnungen einfach möglich.

Wie bei allen anderen Konstruktionen ist ggf. die Rauchdichtigkeit separat zu bewerten. Das Quellen und Schwinden ist auch bei der Detailausbildung unbedingt zu beachten.

Durch die einachsige Tragwirkung sind Aussparungen in den Elementen in der Regel immer auszuwechseln.

2.5 Brettschichtholzelemente

Die stehenden Lamellen d=160 mm sind verklebt und wirken zusammen.

Abb. 9   Brettschichtholzelement

Biegung	Druck	Schub	Material
730 %	**1000 %**	**850%**	**320%**

Es gelten dieselben Konstruktionsregeln wie bei den Brettstapelelementen. Um das Quellen und Schwinden zu gewährleisten, sollten an den Elementstößen Fugen von ca. 1 mm/m vorgesehen werden. Auch diese Elemente tragen ihre Lasten einachsig ab. Aussparungen sind auszuwechseln, beidseitige Auskragungen in der Regel nicht möglich.

2.6 Brettsperrholzelemente

Das Element wird aus 5 Lagen (3 x längs und 2 x quer) mit einer Stärke von je 32 mm hergestellt. Brettlagen sind miteinander verklebt. Bei der weiteren Betrachtung wird von einer Schmalseitenverklebung ausgegangen. Ob dies technisch möglich ist, hängt vom Hersteller der Elemente ab.

Abb. 10   Brettsperrholzelement

Biegung	Druck	Schub	Material
500 %	800 %	1200%	320%

Da das Quellen und Schwinden systembedingt gesperrt ist, eignen sich die Elemente gut zur fugenlosen quasi monolithischen Holzanwendung. Durch die Anordnung der Brettlagen in beide Richtungen kann eine 2-achsige Tragwirkung erzielt werden. Allerdings ist bei großflächigen Anwendungen der Transport und die Stoßausbildung zu beachten. Die entstehenden Momente müssen über einen biegesteifen Baustellenstoß übertragen werden. Sonderanwendungen wie punktgestützte Decken können mit diesem System hergestellt werden. Bei der Herstellung von Öffnungen müssen die Elemente durch die 2-achsige Tragwirkung nicht zwingend ausgewechselt werden. Sturzkonstruktionen können je nach Geometrie und Belastung aus den quer angeordneten Brettlagen gebildet werden.

Beim Brandschutznachweis ist zu beachten, dass beim Abbrand der äußeren Brettlage aufgrund der nachfolgend quer dazu verlaufenden und ohne die äußere Brettlage nichttragenden Brettlage ein nachteiliger Effekt entsteht.

Die bei den Brettstapelementen gemachten Aussagen gelten auch weitestgehend für dieses System. Eine unterseitige Profilierung zur Verbesserung der Raumakustik ist systembedingt nicht sinnvoll.

3   Gebaute Beispiele

3.1 Die Kirche in Ditzingen

Der Entwurf:

An einer prominenten Stelle in Ditzingen plante die Neuapostolische Kirche Süddeutschland den Bau eines neuen Kirchengebäudes. Im vorgeschalteten Architektenwettbewerb ging das Architekturbüro Dasch, Zürn aus Stuttgart als Erstplatzierter hervor und wurde mit der Realisierungsplanung beauftragt.

Abb. 11   Entwurfsmodell (Bild: dasch zürn architekten)

Die Entwurfsidee ist ein elliptischer Grundriss, in welchen die Funktionen Kirchenraum und Nebenräume sowie der Vorbereich untergebracht sind. Die Außenwände sollten ansteigen und in dem wiederum als eingestellte Ellipse konstruierten Kirchensaal ihren Höhepunkt haben. Obwohl die Einhaltung der Energieeinsparverordnung für Kirchengebäude nicht zwingend ist, hat sich die Neuapostolische Kirche für die freiwillige Einhaltung entschieden. Generell sollte bei der Planung und beim Bau auf den umsichtigen Umgang mit der Schöpfung und den Nachhaltigkeitsgedanken Wert gelegt werden.

Abb. 12   Das fertige Bauwerk von außen
(Bild: tragwerkeplus)

Die Materialität war beim Entwurf noch nicht festgelegt. Relativ schnell kristallisierte sich heraus, dass der aus vorhergenannten Gründen gewünschte Verzicht auf eine technische Kühlung ein Konzept mit erhöhter Nachtlüftung und vorhandenen Speichermassen erzwingt.

Abb. 13   Das fertige Gebäude innen
(Bild: dasch zürn architekten)

Für das bis zu 13 m frei gespannte Kirchenraumdach ist wie für das auskragende Vordach eine Leichtbaulösung obligatorisch. Die Herstellung der gekrümmten Außenwände ist in vorgefertigter Bauweise sehr passgenau und wirtschaftlich möglich. Da die Baugrunduntersuchung eine teilweise mächtige Schicht aus Auffüllmaterial mit darunterliegendem Auelehm hervorbrachte, müssen hohe Lasten über eine Pfahlgründung o.ä. in die tief liegenden Kiesschichten abgelastet werden. Eine leichte Bauweise könnte über eine vorzunehmende Bodenaustausch und eine elastisch gebettete Bodenplatte in die oberen etwas schlechteren Baugrundschichten abgetragen werden.

Das Tragwerk:
Als die für das Bauwerk angemessene Lösung wurde eine Mischkonstruktion aus Stahlbetonbau und Holzbau entwickelt.

Abb. 14   Mischbauweise (Bild: tragwerkeplus)

Auf einer elastisch gebettete Bodenplatte ist der eingeschossige Nebenraumbereich in Stahlbetonbauweise aus schottenförmigen Wänden mit aufgelegter Stahlbetondecke aufgesetzt, welcher weitestgehend unbekleidet auch Speichermasse für den sommerlichen Wärmeschutz bietet.

Die geraden, im Grundriss aber ellipsenförmig angeordneten Außenwände des Nebenraumbereiches sind als nichttragende vorgefertigte Holzrahmenbauwände eingestellt. Bei kleinen Krümmungsradien sind die Einzelelemente polygonförmig angeordnet und werden durch eine unterschiedlich starke vertikale Lattung in die gekrümmte Form gebracht. Bei größeren Krümmungsradien kann die Beplankung und damit auch das Element gekrümmt eingebaut werden. Im Kirchenraumbereich werden die Wände in gleicher Bauweise ausgeführt. Sie sind hier aber lastabtragend und aufgrund ihrer Höhe stärker dimensioniert. Außenseitig ist auf den Wänden eine vorgehängte, in Schalen verlaufende Putzfassade vorgehängt. Die innenseitig verlaufenden Schalen sind in Trockenbauweise hergestellt.

Abb. 15   Die Rohbaukonstruktion des Kirchensaales
(Bild: tragwerkeplus)

Das einachsig gespannte Kirchendach wird aus parallelgurtigen schlanken Brettschichtholzträger 10/88, GL24c im Abstand von 86 cm mit oberseitig aufgenagelter OSB-Platte d=30mm gebildet. Da die Tragwerkshöhe aufgrund der von außen ohnehin gewünschten Überhöhe des Kirchenraumellipse eine untergeordnete Rolle spielte und die Holzträger als sichtbares und gestaltendes Element des Kirchenraumes integriert werden konnten, war dies die naheliegende aber auch konsequente Lösung. Bei der Dimensionierung wurde ein Gleichgewicht bei der Ausnutzung der Kriterien Verformung, Biegespannung im kalten Zustand und Biegespannung bei der Heißbemessung erreicht.

Für das im Außenbereich liegende Vordach wurde ebenfalls eine Holzkonstruktion aus Brettschichtholzträgern gewählt. Ein massiver einachsig gekrümmter Randträger stützt sich auf die angrenzenden Bauteile auf und hängt sich in die auskragenden Träger ein. Die Einspannung in die Attika des massiven Baukörpers erfolgt über ins Hirnholz eingeklebte Gewindestangen welche rückseitig der Attika verankert werden. So war während der Montage auch ein justieren der Konstruktion möglich.

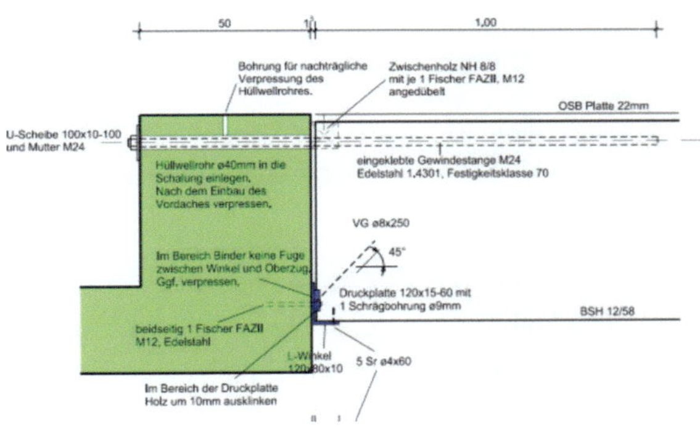

Abb. 16   *Der Vordachanschluss* (Bild: tragwerkeplus)

3.2 Das Laborgebäude der Hochschule in Rottenburg

Der Entwurf:
Ein steigender Platzbedarf und der Verlust von temporär genutzten Flächen erforderten an der Hochschule in Rottenburg den Bau eines Laborgebäudes mit Seminarräumen. Mit dem Entwurf und der weiteren Planung wurde das Architekturbüro Cheret und Bozic aus Stuttgart beauftragt. Als Bauherr zeichnete das Land Baden-Württemberg, vertreten

durch Vermögen und Bau sowie die Hochschule für Forstwirtschaft in Rottenburg. Der Baustoff Holz war hier naheliegend und auch gefordert.

Abb. 17   *Das fertige Gebäude außen*
(Bild: tragwerkeplus)

Für den Campus, in dem auch der denkmalgeschützte Schadenweiler Hof liegt, entwarfen die Architekten ein eingeschossiges, erweiterbares, modular aufgebautes, teilweise unterkellertes flexibel nutzbares Flachdachgebäude. Die Aussteifung des Gebäudes erfolgt möglichst nicht über die „flexiblen" Wände. Auf dem Dach soll eine intensive Begrünung und Flächen für die Hochschulnutzung möglich sein. Ein Bereich muss stützenfrei als großer Hörsaal ausgebildet werden.

Abb. 18   *Der Hörsaal innen* (Bild: tragwerkeplus)

Das Tragwerk:
Auf dem massiven Untergeschoss als weiße Wanne lagert eine Stahlbetondecke auf. Diese geht in den nichtunterkellerten Bereichen in eine elastisch gebettete Platte über. Über Stahl-Einbauteile und diagonal angeordnete Vollgewindeschrauben sind in diese Platte Brettschichtholz-Doppelstützen BSH

16/50 im Raster von 7,20 m eingespannt. In diese sind die Hauptträger aus BSH 16/76 seitlich über Stahlverbinder die ebenfalls mittels Vollgewindeschrauben an die Holzbauteile angeschlossen sind, eingehängt.

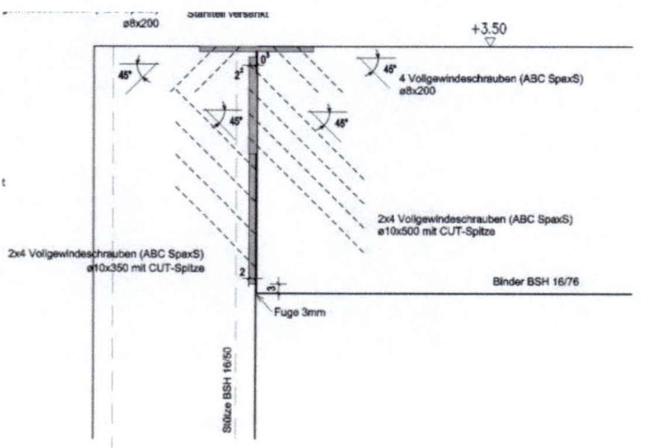

Abb. 19   Stützenanschluss (Bild: tragwerkeplus)

Die beiden Stützen sind auf einer Schmalseite durch eine Furnierschichtholzplatte gekoppelt. Das so entstehende U steift die Konstruktion aus und lässt zwischen den Stützen noch weitere Einbauten bzw. Installationen zu. Die sekundäre Dachkonstruktion bilden Brettschichtholzelemente mit einer Stärke von 20 cm, die als statische Scheibe ausgebildet sind. Die Außenhaut kann nichttragend in Holzrahmenbauweise oder als Glasfassade nachträglich eingestellt werden. Die Innenwände sind ebenfalls Holzrahmenbauwände die entsprechend ihrer Anforderung (Brand, Schall, Oberfläche..) konstruiert sein können.

Abb. 20   Die Primärkonstruktion (Bild: tragwerkeplus)

Das Dach des großen Hörsaales soll auf derselben Höhe wie das Regeldach liegen. Da aber aufgrund der Einbauten und der erforderlichen Konstruktionshöhe eine größere Geschosshöhe erforderlich ist, wird die Bodenkonstruktion abgesenkt. Es entsteht eine wasserundurchlässige Wanne auf dem das Bauwerk weiter aufbaut. Der nahezu quadratische Raum mit ca. 15 m x 15 m wird von einer Holz-Beton-Verbund Dachkonstruktion überspannt. Die unterseitigen Brettschichtholzbinder BSH 16/80 im Achsabstand von 80 cm und die oberseitige Stahlbetonplatte, die aus Halbfertigelementen mit Aufbeton in einer Gesamtstärke von 16 cm besteht und von unten sichtbar bleibt, werden über eine Schraubverbindung schubfest miteinander verbunden.

Abb. 21   Holz-Beton-Verbund (Bild: tragwerkeplus)

Die Lasten aus den Holzträgern werden am Auflager über eingeklebte Gewindestangen in die Stahlbetonplatte hochgehängt und in einen teilvorgefertigten Randträger in Stahlbeton eingeleitet. Dieser lagert auf den zuvor beschriebenen U-Stützen in Brettschichtholzbauweise auf, welche innenseitig an der Stahlbetonwanne vorbeigeführt und mit dieser statisch verbunden sind.

3.3 Das Forum Holzbau in Ostfildern

Der Entwurf:
Der Holzbauverband Baden-Württemberg konnte im Scharnhäuser Park in der Nähe von Stuttgart ein Grundstück erwerben, auf welches er seine Geschäftsstelle mit Büro und Seminarnutzung errichten wollte. Als Planer für das Gebäude wurden im Zuge eines Auswahlverfahrens die Architekten Glück + Partner gewonnen. Der Anspruch der Bauherren war, ein Gebäude in Holz zu bauen, welches energiesparend, möglichst als Passivhaus ausgebildet ist und den aktuellen Stand des Holzbaus sowohl technisch als auch optisch abbildet.

Abb. 22   Das Forum Holzbau von außen
(Bild: Holzbauverband B.-W.)

Aus einer Reihe von Vorentwurfsstudien wurde eine zweigeschossige Variante mit einer Grundfläche von 21,5 m x 25 m ausgewählt. Das Obergeschoss kragt auf der Frontseite um 5 m über den Eingangsbereich aus. So entsteht eine einladende Vorplatzsituation. Im Hanggeschoss ist im rückwärtigen Gebäudeabschluss ein Lichthof vorgesehen, um den Bereich als Bürotrakt nutzen zu können. Die restlichen Flächen des Untergeschosses sind für Technik- und Sanitärnutzung vorgesehen.

Abb. 23   Das Forum Holzbau innen
(Bild: Holzbauverband B.-W.)

Das Erdgeschoss soll weitestgehend der Seminarnutzung zur Verfügung stehen. Ein zentrales offenes Treppenhaus führt ins Obergeschoss, in dem die Verwaltung untergebracht ist.

Für die Belichtung des zentralen Bereiches sorgen Oberlichtbänder in den Längsseiten des über das Dachgeschoss geführten Kubuses.

Das Tragwerk:
Das Gebäude gliedert sich im dreispännigen Tragsystem mit Achsmaßen von 7,50 – 6,25 – 7,50 m. So entstehen vier Längs-Tragachsen die das Primärtragwerk bilden. Im Obergeschoss wird die Auskragung durch Brettsperrholzwandscheiben (135 mm Dicke in den Außenachsen und 189 mm Dicke in den Innenachsen) gebildet, deren Kragmoment über durch das gesamte Bauwerk geführte Zug- und Druckbänder aus Flachstahl in sich im rückwärtigen Gebäudeteil befindende Rückhaltescheiben aus Brettsperrholz eingeleitet werden. Die unter diesen angeordneten Zug- und Druckstützen lösen das Moment auf.

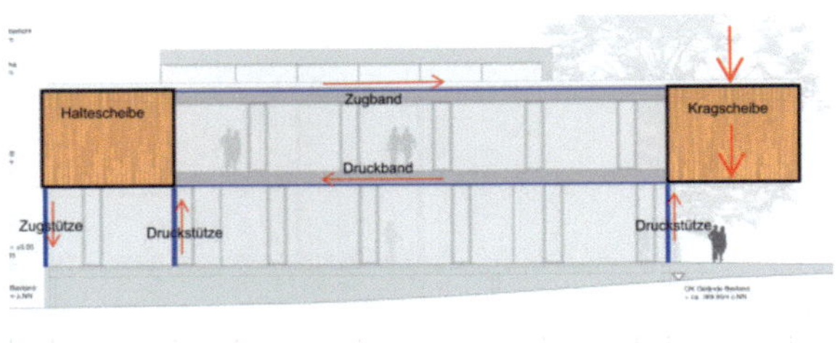

Abb. 24   Das Tragprinzip (Bild: tragwerkeplus)

Nach Fertigstellung der Konstruktion wurde die Kragarmspitze vorbelastet. Diese Last war auf den weiteren Ausbau abgestimmt. Außerdem konnte so die Steifigkeit der Konstruktion geprüft werden. Die Abweichungen zwischen den tatsächlichen und rechnerischen Verformungen waren sehr gering, was das angenommene numerische Modell bestätigte.

Abb. 25   Vorbelastung Kragarm (Bild: tragwerkeplus)

Im Dach wird der zentrale Bereich von einem weitgespannten Fachwerkträger aus Brettschichtholz überspannt, der ein großzügiges Oberlichtband bildet. Ansonsten sind innen tragende Wände in Brettsperrholzbauweise und außen Holzrahmenbauwände in die Achsen gestellt.

Abb. 26   Kastenelemente und Zugband
(Bild: tragwerkeplus)

Zwischen diesen vertikalen Traggliedern sind schubfest verklebte Furnierschichtholz Rippenelemente im Dach und schubfest verklebte Furnierschichtholz Kastenelemente in der Zwischendecke in die wandartigen Träger hochgehängt bzw. auf die sonstigen lastabtragenden Bauteile aufgelegt.

Die beiden oberen Geschosse sind samt Aufzugsschacht, der aus Brettsperrholz - Wandelementen hergestellt ist, in Holzbauweise erstellt. Die weitgespannte Innentreppe lastet über Tragwangen aus Furnierschichtholz ab.

4   Zusammenfassung

Auch zukünftig wird die Qualität des Tragwerksentwurfes nicht daran gemessen, welche Hilfsmittel wir verwenden sondern welche Konstruktionen und Tragwerke wir entwickeln. Dabei hilft es oft, einen Schritt zurückzutreten und sich auf die statisch-konstruktiven Grundregeln und auf die bewährten Konstruktionsprinzipien zu besinnen. Wenn wir es schaffen, diese mit den innovativen Werkstoffen und Verbindungsmitteln zu paaren und die Ergebnisse mit den fortschrittlichen Planungsmethoden nachweisen und darstellen, entstehen hochwertige, robuste und nachhaltige Tragwerke deren Flexibilität z.B. auch für das sich in jeder Generationen wiederholende Umbauanliegen gewährt bleibt.

Ein Tragwerk kann auch innovativ sein wenn es klar ist – vielleicht gerade deswegen.

„Jede neue Aufgabe, und sei sie auch noch so klein, bedeutet auch für den Ingenieur nach wie vor eine Herausforderung an die Kunst des Konstruierens. Seine Konstruktionskunst zeigt sich nicht nur an den durch ihre Abmessungen beeindruckenden Werken, sondern ebenso in vielen kleineren, kaum beachteten Details bei alltäglichen Vorhaben.“

Klaus Stiglat [4]

5 Literatur

[1] Binding, G. (2010): Bauen im Mittelalter, Primus Verlag, Darmstadt

[2] Kaiser, W. / König, W. (2006): Geschichte des Ingenieurs, Carl Hanser Verlag München Wien

[3] BIM – Building Information Modeling, (2013): Ernst & Sohn Special, Ernst & Sohn Verlag, Berlin

[4] Stiglat, K, (2012): Bauingenieur? Bauingenieur!, Ernst & Sohn Verlag, Berlin

[5] Cheret, P., Grohe, G., Müller, A., Schwaner, K., Winter, S., Zeitter, H., (2000): Holzbausysteme, Informationsdienst Holz

[6] Holzbau, die neue quadriga, (2013): Ausgabe 3/2013 Spezial Massivholzbauweisen, Verlag Kastner, Wolnzach

[7] DIN EN 1995-1-1: 2010-12: Eurocode 5: Bemessung und Konstruktion von Holzbauten – Teil 1-1: Allgemeines – Allgemeine Regeln und Regeln für den Hochbau; Deutsche Fassung EN 1995-1-1: 2004 + AC:2006 + A1:2008

[8] DIN EN 1995-1-1/NA: 2010-12, Nationaler Anhang – National festgelegte Parameter - Eurocode 5: Bemessung und Konstruktion von Holzbauten – Teil 1-1: Allgemeines – Allgemeine Regeln und Regeln für den Hochbau

6 Autor

Dipl.-Ing. Markus Vollmer

tragwerkeplus Ingenieurgesellschaft mbH & Co. KG
Dieselstraße 12
72770 Reutlingen

Kontakt:
markus.vollmer@tragwerkeplus.de

Autorenverzeichnis

Karlsruher Tage 2014 – Holzbau
Forschung für die Praxis

Dr.-Ing. Ireneusz Bejtka
Blaß & Eberhart, Ingenieurbüro für Baukonstruktionen, Pforzheimer Straße 15b
76227 Karlsruhe

Univ.-Prof. Dr.-Ing. Hans-Joachim Blaß
Holzbau und Baukonstruktionen, Karlsruher Institut für Technologie, R.-Baumeister-Platz 1
76131 Karlsruhe

Prof. Dr.-Ing. François Colling
IfH – Institut für Holzbau, Hochschule Augsburg, An der Hochschule 1
86161 Augsburg

Dr.-Ing. Philipp Dietsch
Technische Universität München, Lehrstuhl für Holzbau und Baukonstruktion, Arcisstr. 21,
80333 München

Dipl.-Ing. Markus Enders-Comberg
Holzbau und Baukonstruktionen, Karlsruher Institut für Technologie, R.-Baumeister-Platz 1
76131 Karlsruhe

Dr.-Ing. Matthias Frese
Holzbau und Baukonstruktionen, Karlsruher Institut für Technologie, R.-Baumeister-Platz 1
76131 Karlsruhe

Andreas Gamper M.Sc.
Technische Universität München, Lehrstuhl für Holzbau und Baukonstruktion, Arcisstr. 21,
80333 München

Dipl.-Ing. Michael Merk
Technische Universität München, Lehrstuhl für Holzbau und Baukonstruktion, Arcisstr. 21,
80333 München

Ralf Pollmeier
Pollmeier Massivholz GmbH & Co.KG, Pferdsdorfer Weg 6, 99831 Creuzburg

Dipl.-Ing. Markus Vollmer
tragwerkeplus Ingenieurgesellschaft mbH & Co.KG, Dieselstraße 12
72770 Reutlingen

Univ.-Prof. Dr.-Ing. Stefan Winter
Technische Universität München, Lehrstuhl für Holzbau und Baukonstruktion, Arcisstr. 21,
80333 München

Tagungsprogramm

Donnerstag, 09.10.2014
KIT Campus Süd, Kollegiengebäude II, Gebäude 10.50 großer Hörsaal

Ab 12:15 Uhr	*Anmeldung, Tagungsunterlagen, Erfrischungen*
13:00 Uhr bis 13:15 Uhr	**Eröffnung und Begrüßung** Univ.-Prof. Dr.-Ing. Hans Joachim Blaß (KIT)
13:15 Uhr bis 14:45 Uhr	**Einsatz und Berechnung von Schubverstärkungen für Brettschichtholzbauteile** Dr.-Ing. Philipp Dietsch (TU München) **Eine unkonventionelle Methode zur Sanierung schadhafter Brettschichtholzträger** Dr.-Ing. Ireneusz Bejtka (Büro Blaß & Eberhart, Karlsruhe)
14:45 Uhr bis 15:30 Uhr	*Kaffeepause*
15:30 Uhr bis 17:00 Uhr	**BauBuche – der kostengünstige Hochleistungswerkstoff aus Buche** Ralf Pollmeier (Pollmeier Massivholz GmbH & Co.KG) **Buchenfurnierschichtholz – Leistungsmerkmale, Anwendung und Entwicklungsmöglichkeiten** Dipl.-Ing. Markus Enders-Comberg (KIT)
Ab 19:00 Uhr	*Einladung zum Erfahrungsaustausch im Südwerk,* Henriette-Obermüller-Str. 10, Karlsruhe, mit Buffet und Getränken.

Freitag, 10.10.2014
KIT Campus Süd, Kollegiengebäude II, Gebäude 10.50 großer Hörsaal

09:00 bis 10:30 Uhr	**Die neue EN 14080 – Neue Chancen für Brettschichtholz** Univ.-Prof. Dr.-Ing. Hans Joachim Blaß (KIT) **Tragfähigkeit von Stabdübelanschlüssen** Prof. Dr.-Ing. François Colling (Hochschule Augsburg)
10:30 Uhr bis 11:30 Uhr	*Kaffeepause*
11:30 Uhr bis 13:00 Uhr	**Gebäudeklima – Auswirkungen auf Konstruktion und Dauerhaftigkeit von Holzbauwerken** Univ.-Prof. Dr.-Ing. Stefan Winter (TU München) **Das Tragwerk – vieles ist möglich und manches auch sinnvoll** Dipl.-Ing. Markus Vollmer (tragwerkeplus Ingenieurgesellschaft, Reutlingen)
Ab 13:00 Uhr	*Möglichkeit zur Besichtigung des Prüflabors Holzbau (inkl. Imbiss).*